D3 4.x 数据可视化实战手册

[加] 朱启（Nick Zhu） 著　韩波 译

第2版

Data Visualization with D3 4.x Cookbook Second Edition

人 民 邮 电 出 版 社
北 京

图书在版编目（ＣＩＰ）数据

D3 4.x数据可视化实战手册 ：第2版 / (加) 朱启
(Nick Zhu) 著 ; 韩波译. -- 北京 ：人民邮电出版社,
2019.1（2022.8重印）
ISBN 978-7-115-49787-1

Ⅰ. ①D… Ⅱ. ①朱… ②韩… Ⅲ. ①可视化软件－手
册 Ⅳ. ①TP31-62

中国版本图书馆CIP数据核字(2018)第240547号

版权声明

◆ 著　　[加] 朱启（Nick Zhu）
译　　韩　波
责任编辑　王峰松
责任印制　焦志炜

◆ 人民邮电出版社出版发行　　北京市丰台区成寿寺路 11 号
邮编　100164　　电子邮件　315@ptpress.com.cn
网址　http://www.ptpress.com.cn
北京七彩京通数码快印有限公司印刷

◆ 开本：800×1000　1/16
印张：20.5　　2019 年 1月第 1 版
字数：407 千字　　2022 年 8月北京第 7 次印刷
著作权合同登记号　图字：01-2017-3660 号

定价：69.00 元

读者服务热线：(010) 81055410　印装质量热线：(010) 81055316
反盗版热线：(010) 81055315
广告经营许可证：京东市监广登字 20170147 号

内容提要

当今，我们的世界已经进入万物互联的时代，每天都会产生海量的数据，如果直接面对这些数据，可能让人无从下手。相反，如果将数据可视化，用形象生动的形式展现出来，不仅有利于分析其中的关联，还能攫取可能存在的商业机会。本书旨在通过大量的示例和代码，向读者讲述如何利用 D3 4.x 来实现数据可视化。只要读者了解 JavaScript，就能完全掌握本书的内容。

本书共 13 章，从如何搭建 D3.js 的开发环境开始，逐步介绍 D3 中的各种操作，其中包括选集、数据的初步处理、数据映射、坐标轴组件、动画过渡效果、SVG 相关介绍、绘制图表、安排布局、可视化交互、力学模拟、制作地图和测试驱动。为了帮助读者理解这些丰富的概念，本书提供了大量的示例和代码。最后，在附录部分，为读者介绍了另外两个 JavaScript 库，主要是关于三维制图和多维图表的。

如果读者是一名熟悉 HTML、CSS、JavaScript 的开发人员或架构师，并且希望了解 D3 的大部分知识，那么本书将非常合适。本书还可作为资深的 D3 数据可视化程序开发人员的快速参考指南。

作者简介

朱启（Nick Zhu）是一位专业的程序员和数据工程师，在软件开发、大数据和机器学习领域拥有十几年的实战经验。目前，他担任在线购物元搜索引擎 Yroo 的首席技术官，同时也是该网站的创始人之一。此外，他还是基于 D3 开发的、可用于制作多维图表的流行开发库 dc.js 的创始人。

技术审稿人简介

Scott Becker 是俄勒冈州波特兰一家名为 Olio Apps 的软件咨询公司的合伙人。

他构建过许多系统，包括地理空间数据集市场、面向医疗行业的 HIPAA 兼容视频服务以及数据安全产品中的违规可视化等领域。他目前供职于 shoutbase 网站，正在奋力打造下一代跟踪系统。此外，他还在 Deveo TV 上提供基于 D3.js 的数据可视化视频课程。

前言

D3.js 是一个 JavaScript 库，主要用于对数据的动态图表进行展示。利用 HTML、SVG 以及 CSS，D3 可以让数据展现得更加鲜活。借助于 D3，读者可以在最终视觉效果方面获得最大的控制权。可以说，D3 是当下最热门、最强大的基于网络的数据可视化技术。

D3 v4 是 D3 库的最新版本。本书的第 2 版已经针对该版本进行了全面更新，以涵盖和利用 D3 v4 API、模块化数据结构以及力的改良实现。本书旨在全方位指导读者迅速掌握基于 D3 的数据可视化技术。本书在手，读者就可以借助于其中实用的方案、插图和代码示例，快速高效地创建令人叹为观止的专业数据可视化程序。

本书由浅入深，首先介绍了一些 D3 数字可视化编程中的基本概念，继而通过一些代码示例逐一展示 D3 的其他特性。

在这里，读者将学习到数据可视化的基本概念、JavaScript 的函数式编程以及 D3 的基础概念，例如元素选取、数据绑定、动画以及 SVG 生成。除此之外，读者还将领略到 D3 的一些高级特性，例如插值、自定义中间帧、定时器、队列、力的操作等。本书同时提供了许多预生成的图表和代码，以帮助读者更快起步。

内容简介

第 1 章，D3.js 入门指南，是 D3.js 的热身运动。它涵盖了一些基本概念，诸如 D3.js 是什么以及如何搭建一个适用于 D3.js 数据可视化程序的开发环境等。

第 2 章，精挑细选，向读者介绍了 D3 数据可视化中最基本的一项操作——选集。选集可以帮助读者定位页面上的元素。

第 3 章，与数据同行，探索了任何数据可视化程序中都会涉及的基础问题——如何通过程序构造、可视化效果来展示数据。

第 4 章，张弛有“度”，介绍了数据可视化中非常重要的一个子领域。作为一名数据可视化的开发人员，如何将数据映射为可视化元素，是每天都要面对的问题，本章就此问题进行了深入探索。

第 5 章，玩转坐标轴，介绍了坐标轴组件的用法以及基于笛卡儿坐标系的可视化技术。

第 6 章，优雅变换，介绍了与过渡相关的概念。“一图胜千言”正是对数据可视化的最好总结。这一章涵盖了 D3 库中过渡以及动画的相关概念。

第 7 章，形状之美，介绍了与 SVG 相关的概念。SVG 是广泛用于数据可视化方面的 W3C（World Wide Web Consortium，万维网联盟）标准。

第 8 章，图表美化，探索了数据可视化中最广为人知的组件——图表。图表是一种定义良好且易于理解的数据可视化展示方式。

第 9 章，井然有序，集中讲述了 D3 的布局。D3 的布局是一种算法，用于计算和生成元素的位置信息，这些元素可用于生成复杂又有趣的可视化程序。

第 10 章，可视化交互，集中讲述了 D3 对可视化交互的支持。换句话说，即如何向可视化程序添加控制能力。

第 11 章，使用“原力”，介绍了 D3 中又一神奇的特性——力。力模拟是数据可视化程序中最“炫”的一项技术。

第 12 章，地图的奥秘，介绍了 D3 中基本的地图可视化技术以及如何利用 D3 实现一个功能完整的可视化地图。

第 13 章，测试驱动，帮助读者以专业 TDD 方式来实现可视化程序。

附录，分分钟搞定交互式分析，介绍了 Crossfilter.js 和 dc.js 技术在三维制图中的应用。

做好准备

- 文本编辑器：编辑和创建 HTML、CSS、JavaScript 文件。
- 浏览器：火狐 3、IE9、Chrome、Safari 3.2 及以上版本浏览器。
- 本地的 HTTP 服务器：本书中的一些章节需要 HTTP 服务器来存储数据文件。在第 1 章中，我们将为读者介绍如何搭建基于 Node 或者 Python 的 HTTP 服务器。

◆ Git 客户端（可选）：如果读者希望直接从我们的 Git 代码库中下载本书的源码，则需要在计算机上安装 Git 客户端。

目标读者

如果读者是一名熟悉 HTML、CSS、JavaScript 的开发人员或者架构师，并且希望了解 D3 的大部分知识，那么本书非常合适。本书还可以作为资深的 D3 数据可视化程序开发人员的快速参考指南。

本书结构

在本书中，读者会发现有几个小标题（准备工作、开始编程、工作原理、更多内容、参考阅读）随处可见。

为了明确说明如何实现一个解决方案，我们将用到下列小标题。

准备工作

本小节将说明解决方案要实现的目标，以及如何完成解决方案所需软件或背景的相关设置。

开始编程

本小节介绍实现解决方案的具体步骤。

工作原理

本小节通常对上一节中发生的情况进行详细说明。

更多内容

本小节提供与解决方案有关的附加信息，以加深读者的理解。

参考阅读

本小节提供与解决方案有关的其他有用信息的链接。

资源与支持

本书由异步社区出品，社区（https://www.epubit.com/）为您提供相关资源和后续服务。

配套资源

本书提供如下资源：

- 本书源代码；
- 书中彩图文件。

要获得以上配套资源，请在异步社区本书页面中单击 配套资源 ，跳转到下载界面，按提示进行操作即可。注意：为保证购书读者的权益，该操作会给出相关提示，要求输入提取码进行验证。

提交勘误

作者和编辑尽最大努力来确保书中内容的准确性，但难免会存在疏漏。欢迎您将发现的问题反馈给我们，帮助我们提升图书的质量。

当您发现错误时，请登录异步社区，按书名搜索，进入本书页面，单击“提交勘误”，输入勘误信息，单击“提交”按钮即可。本书的作者和编辑会对您提交的勘误信息进行审核，确认并接受后，您将获赠异步社区的 100 积分。积分可用于在异步社区兑换优惠券、样书或奖品。

详细信息 写书评 提交勘误

页码： 页内位置（行数）： 勘误印次：

字数统计

提交

扫码关注本书

扫描下方二维码，您将会在异步社区微信服务号中看到本书信息及相关的服务提示。

与我们联系

我们的联系邮箱是 contact@epubit.com.cn。

如果您对本书有任何疑问或建议，请您发邮件给我们，并请在邮件标题中注明本书书名，以便我们更高效地做出反馈。

如果您有兴趣出版图书、录制教学视频，或者参与图书翻译、技术审校等工作，可以发邮件给我们；有意出版图书的作者也可以到异步社区在线投稿（直接访问 www.epubit.com/selfpublish/submission 即可）。

如果您是学校、培训机构或企业，想批量购买本书或异步社区出版的其他图书，也可以发邮件给我们。

如果您在网上发现有针对异步社区出品图书的各种形式的盗版行为，包括对图书全部或部分内容的非授权传播，请您将怀疑有侵权行为的链接通过邮件发给我们。您的这一举动是对作者权益的保护，也是我们持续为您提供有价值的内容的动力之源。

关于异步社区和异步图书

“异步社区”是人民邮电出版社旗下信息技术专业图书社区，致力于出版精品信息技术图书和相关学习产品，为作（译）者提供优质出版服务。异步社区创办于 2015 年 8 月，提供大量精品信息技术图书和电子书，以及高品质技术文章和视频课程。更多详情请访问异步社区官网 https://www.epubit.com。

“异步图书”是由异步社区编辑团队策划出版的精品信息技术专业图书的品牌，依托于人民邮电出版社近 30 年的计算机图书出版积累和专业编辑团队，相关图书在封面上印有异步图书的标志。异步图书的出版领域包括软件开发、大数据、人工智能、测试、前端、网络技术等。

异步社区

微信服务号

目录

第1章 D3.js入门指南

本章涵盖以下内容：

- 搭建简易的D3开发环境
- 搭建基于NPM的D3开发环境
- 理解D3风格的函数式JavaScript编程

1.1 简介

本章旨在帮助读者迅速上手D3.js。我们将为读者介绍一些基本知识，比如什么是D3.js，如何搭建典型的D3.js数据可视化环境。此外，还有专门的部分解释了JavaScript中一些比较冷门但对于D3.js来说又是非常重要的特性。

什么是D3？D3是指数据驱动文档，其官方定义如下所示。

D3.js（Data-Driven Documents）是一个JavaScript库，它可以通过Web标准来实现数据的可视化。D3可以利用HTML、SVG和Canvas把数据鲜活形象地展现出来。由于它同时提供了强大的可视化和交互技术，可以让使用者以数据驱动的方式去操作DOM，因而可以让使用者的程序轻松兼容现代主流浏览器，随心所欲地为数据设计合适的可视化接口。

——D3 GitHub维基（2016年8月）

从某种意义上讲，D3是这样一个特殊的JavaScript库：它利用现有的Web标准，通过更简单的（数据驱动）方式来实现令人惊艳的可视化效果。D3.js由Mike Bostock创建。之前，Bostock还创建过一个叫Protovis的数据可视化JavaScript库，如今它已经被D3.js取代。如果希望了解更多诸如D3.js制作过程、影响Protovis和D3.js的相关理论这类的信息，可以访问后面给出的链接。本书将着重介绍如何使用 D3.js 来提升可视化效果。由于 D3 使用 JavaScript 实现数据可视化的方式比较特别，因此刚开始接触它时，可能会让人觉得有些不太适应。我希望通过本书中的大量主题，其中有简单的，也有高级的，来帮助大家更好更高效地使用 D3。一旦正确理解了这些主题，就能借助 D3 让数据可视化的效率和丰富程度产生指数化的增长。

D3 背后主旨思想更为正式的介绍，可以参考 Mike Bostock 于 2010 年在 IEEE InfoVis 发表的论文 *Declarative Language Design for Interactive Visualization*。

如果对于 D3 是怎么来的感兴趣，建议阅读 Mike Bostock 于 2011 年在 IEEE InfoVis 发表的论文 *D3: Data-Driven Document*。

Protovis，即 D3.js 的前身，是 Mike Bostock 和斯坦福可视化组的 Jeff Heer 共同创建的。

1.2 搭建简易的 D3 开发环境

在开始使用 D3 开发数据可视化项目之前，需要搭建一个相应的开发环境。在本节中，我们将介绍如何在几分钟内迅速搭建一个简单的 D3 开发环境。

1.2.1 准备工作

在开始之前，你应确保已经选好了自己的文本编辑器，并且正确安装到了自己的计算机上。

1.2.2 搭建环境

首先，需要下载 D3.js。

1. 可以从 https://github. com/mbostock/d3/tags 下载 d3.js 的各个版本。另外，如果对开发中的最新 D3 版本感兴趣，可以 fork 代码库 https://github.com/mbostock/d3。

2. 下载并且解压缩后，在提取的文件夹中可以看到 d3.js 和 d3.min.js 两个 JavaScript 文件以及其他信息文件。在开发过程中，最好使用 d3.js 而非使用最小化版本，因为前者可以帮你深入到 D3 库中跟踪调试 JavaScript 代码。此后，把 d3.js 和包含下列 HTML

代码的 index.html 放在同一个文件夹里。

```
<!-- index.html -->
<!DOCTYPE html>
<html>
<head>
    <meta charset=""utf-8"">
    <title>Simple D3 Dev Env</title>
    <script type=""text/javascript"" src=""d3.js""></script>
</head>
<body>

</body>
</html>
```

这样，一个最简单的 D3 数据可视化开发环境就搭建好了。接下来读者就可以用自己最喜欢的文本编辑器打开那个 html 文件，开启开发之旅，然后用浏览器打开它来查看可视化的效果。

读者可以从网址 https://github.com/NickQiZhu/d3-cookbook-v2/tree/master/ src/chapter1/simple-dev-env 下载这个例子的源码。

1.2.3 工作原理

D3 是个相当独立的 JavaScript 程序库。除了浏览器已经提供的 JavaScript 库之外，它不依赖于任何其他 JavaScript 库。

如果用于展示数据的目标浏览器环境涉及 IE9，建议使用 Aight 兼容库和 Sizzle selector engine。前者下载地址为 https:// github.com/shawnbot/aight，后者下载地址为 http://sizzlejs.com/。

在 D3 v4 发布之前，在头部信息中包含以下字符编码指令是至关重要的，因为 D3 的旧版本在其源中使用 UTF-8 字符（如 π）。如果使用 D3 v4.x，则不再需要它们了。然而，这样做仍不失为明智之举，因为读者包含的其他 JavaScript 库仍有可能使用 UTF-8 符号，如下例所示：

```
<meta charset=""utf-8"">
```

D3 是完全开源的。这个库使用了其作者 Mike Bostock 自己定制的开源许可证。该许可证与流行的 MIT 许可证十分类似，唯一不同之处在于，它明确声明了 Mike Bostock 的名字未经允许不可用作此软件的派生品的标识，或者用以扩大此软件的派生品的影响。

1.2.4 更多内容

本书提供了大量的代码示例。所有的示例源码均托管于流行的开源社区代码托管平台 GitHub 上，读者可通过 https://github.com 访问该网站并下载相应的代码。

如何获取源码

最简单的方式就是直接克隆本书的 Git 代码库（https://github.com.NickQiZhu/d3-cookbook-v2），从而获取所有示例代码。如果不打算为这些示例代码搭建开发环境，跳过这步即可。

如果不熟悉 Git 也不要紧，它的克隆（clone）概念很类似于其他的版本控制软件中的签出（checkout）。不过，克隆所做的并非简单地签出文件，而是把所有分支和历史复制到了读者的本地计算机，也就是把整个代码库都复制到了本地计算机中，所以读者完全可以在本地环境中离线使用这个复制过来的代码库。

首先，读者需要在自己的计算机上安装 Git 客户端，该客户端的下载列表地址为 http://git-scm.com/ downloads。此外，读者还可以从 http://git-scm.com/book/ en/Getting-Started- Installing-Git 找到针对不同操作系统的安装说明。

另一个使用 Git 和 GitHub 的流行方式是安装 GitHub 客户端，它提供了比 Git 更丰富的功能。不过，在作者编写本书时，GitHub 仅提供了 Windows 版和 Mac OS 版的客户端软件，下载地址为 https://desktop.github. com/。

一旦安装好了 Git 客户端，键入以下命令即可将所有的示例代码下载到自己的计算机上：

```
> git clone git@github.com:NickQiZhu/d3-cookbook-v2.git
```

1.3 搭建基于 NPM 的 D3 开发环境

前面搭建的简易环境已经足以处理本书中的大部分示例。但是，如果读者正开发一个略复杂的数据展示项目，并且需要用到大量 JavaScript 库的话，那么本书之前讨论的那个简单的解决方案可能就显得有些捉襟见肘了。本书将展示一个使用 NPM（Node Packaged Modules，即为 JavaScript 库的代码库管理系统）的更加强大的开发环境。如果读者希望更快地尝试本书最丰盛的部分——各种示例代码，那么完全可以跳过这部分，直到搭建产品开发环境的时候，再回来看这部分也不迟。

1.3.1 准备工作

首先，要确保 NPM 已经安装好。在安装 Node.js 时，NPM 作为其中一部分也安装了。读者可以从 http://nodejs.org/下载 Node.js。选择适合自己操作系统的 Node.js，安装完毕后，在终端窗口运行如下 npm 命令：

```
>  npm -v
2.15.8
```

如果前面的命令输出了 NPM 客户端的版本号，则表明安装成功。

1.3.2 搭建环境

安装完 NPM 后，即可创建一个包描述符文件，以便将一些手动安装过程自动化。

1. 首先，在工程文件夹下创建一个名为 package.json 的文件，其中代码如下所示：

```
{
   ""name": "d3-project-template",
   ""version": "0.1.0",
   "description": "Ready to go d3 data visualization project template",
   "keywords": [
     "data visualization",
     "d3"
   ],
   "homepage": "<project home page>",
   "author": {
```

```
    "name": "<your name>",
    "url": "<your url>"
  },
  "repository": {
    "type": "git",
    "url": "<source repo url>"
  },
  "dependencies": {
      "d3":"4.x"
  },
  "devDependencies": {
      "uglify-js": "2.x"
  }
}
```

2. 定义 package.json 文件后运行下面的命令：

```
> npm install
```

1.3.3 工作原理

package.json 文件中的绝大部分字段仅用于提供信息，比如 name、description、homepage、author 和 repository 等。如果打算将来把自己的库发布到 NPM 的代码库中，那么就要用到 name 和 version 字段。

不过就目前来说，我们真正关心的是 dependencies 和 devDependencies 字段。

- dependencies 字段描述了读者的工程在运行时所依赖的库。也就是说，有了这些库，读者的工程才能在浏览器中正常运行。
- 在这个简单的例子中，D3 只有一个依赖库。d3 是 D3 在 NPM 库中发布时使用的名字。版本号 4.x 表明该工程可以兼容大版本号为 4 的所有发行版，并且 NPM 应该获取大版本为 4 的最新的稳定发布版本来满足依赖库的要求。

D3 是个自包容的库，运行时对外部是零依赖。然而这并不意味着它不能与其他流行的 JavaScript 库相互协作。作者平时也结合一些其他的库与 D3 搭配使用，以便让自己的工作容易些，这些库包括 JQuery、Zepto.js、Underscore.js 和 Backbone.js 等。

◆ devDependencies 字段描述了库在开发时（编译时）的依赖项。也就是说，这个字段内罗列出来的库文件仅在构建工程时会用到，在运行 JavaScript 工程时用不到。

执行 npm install 命令可以自动触发 NPM 下载工程中所引用的所有依赖项，包括递归的下载依赖项的依赖项。所有的依赖库文件都下载到 node_modules 文件夹中，该文件夹位于工程文件夹中的根目录里。这些工作完成以后，只需创建一个 HTML 文件（与我们之前创建的那个一样），就可以直接从 node_modules/d3/build/d3.js 加载 D3 的 JavaScript 库。

本节的源代码可以从下列地址下载，其中包含了自动构建脚本：

https://github.com/NickQiZhu/d3-cookbook-v2/tree/master/src/chapter1/npm-dev-env。

工程中会有一些麻烦的地方，比如手动下载 JavaScript 库以时刻保持版本为最新。为了避免这些麻烦，使用 NPM 是行之有效的方式。当然，一些聪明的读者可能已经发现，使用这个方法可以把我们“搭建环境”的过程直接提升一个档次。想象一下，你正在构建一个大型的可视化工程，其中包含了上千行的 JavaScript 代码，很明显我们这里所描述的简单的搭建方式满足不了这种情形。因为“模块化的 JavaScript 开发”这个话题足够写一本书了，所以这里就不再讨论这方面的话题，我们将把注意力放在数据可视化和 D3 上。在后面单元测试的章节中，我们将针对这个话题多讲一些，演示一下可以在某些方面增强开发环境的功能，以便运行自动化单元测试。

D3 v4.x 具有高度的模块化特点，所以如果工程中只需要一部分 D3 库，那么也可以选择性地包含 D3 子模块来作为依赖库。例如，如果工程中只需要 d3-selection 模块，那么可以在 package.json 文件中使用如下所示的依赖项声明：

```
"dependencies": {
      "d3-selection":"1.x"
}
```

1.3.4 更多内容

前面提到过，读者可以通过浏览器直接打开 HTML 文件来查看可视化的结果，不过这种方式有一些局限性。当需要从其他数据文件中加载数据（后面的章节中就要这么做了，并且读者平时工作中也经常遇到类似的情形）时，由于浏览器内建的安全机制，这种方式就行不通了。为了绕开这个安全限制，强烈建议搭建本地的 HTTP 服务器，使用该服务器来维护 HTML 页面和数据文件，而非直接从本地文件系统加载。

搭建本地 HTTP 服务器

由于使用的操作系统不同，HTTP 服务器的软件包不同，搭建 HTTP 服务器的方法也很不同。这里只介绍几种流行的搭建方式。

Python 简易 HTTP 服务器

在进行项目开发和快速构建原型的时候，这是我最喜欢的方式。如果读者的计算机上已经安装了 Python，通常 UNIX/Linux/Mac OS 发行版上都有，那么可以直接运行下面的命令：

```
>  python -m SimpleHTTPServer 8888
```

此外，如果读者使用的是 Python 3，那么应运行如下所示的命令：

```
> python -m http.server 8888
```

这个 Python 小程序可以启动 HTTP 服务器，然后读者就可以访问该程序所在文件夹中的所有文件了。这是目前所有操作系统中运行 HTTP 服务器最简单的方式。

如果你的计算机没有安装 Python，可以从 http://www.python.org/getit/ 下载。现在所有的操作系统（诸如 Windows、Linux，还有 Mac），都支持 Python。

Node.js HTTP 服务器

安装 Node.js 之后（前面所做的搭建开发环境练习中包含了相应的内容），就可以轻松安装 http-server 模块了。与 Python 简易 HTTP 服务器类似，通过该模块，读者可以利用任意的文件夹快速启动轻量级的 HTTP 服务器。

首先，需要安装 http-server 模块，具体命令如下所示：

```
> npm install http-server -g
```

上面命令中的-g 参数会把 http-server 模块设置为全局模块，这样就可以在命令行里直接使用 http-server 命令。完成此步后，可以通过下面的命令在任意文件夹内启动服务器：

```
> http-server -p 8888
```

该命令可以启动由 Node.js 驱动的 HTTP 服务器，默认端口号是 8080。如果需要，也可以用 -p 参数指定一个端口号。

如果是在 Linux、UNIX、Mac 等操作系统中运行该命令，则需要用 sudo 模式或者 root 权限才能使用全局安装选项-g。

1.4　理解 D3 风格的函数式 JavaScript 编程

那些习惯了过程式或者面向对象式的 JavaScript 风格的人，会感觉对 D3 使用函数式的 JavaScript 编程风格有一些不适应。本节会涵盖一些 JavaScript 中函数式编程最根本的概念，以便对 D3 有个基本的了解，将来可以用 D3 的风格来编写可视化工程代码。

1.4.1　准备工作

在浏览器中打开下面文件的本地副本：

https://github.com/NickQiZhu/d3-cookbook-v2/blob/master/src/chapter1/functional-js.html。

1.4.2　开始编程

现在进一步了解 JavaScript 函数式方面的内容。请看下面的代码段：

```
function SimpleWidget(spec) {
  var instance = {}; // <-- A

  var headline, description; // <-- B

  instance.render = function () {
    var div = d3.select('body').append("div");
```

```
    div.append("h3").text(headline); // <-- C

    div.attr("class", "box")
    .attr("style", "color:" + spec.color) // <-- D
      .append("p")
      .text(description); // <-- E

    return instance; // <-- F
  };
  instance.headline = function (h) {
    if (!arguments.length) return headline; // <-- G
    headline = h;
    return instance; // <-- H
  };

  instance.description = function (d) {
    if (!arguments.length) return description;
    description = d;
    return instance;
  };

  return instance; // <-- I
}

  var widget = SimpleWidget({color: "#6495ed"})
    .headline("Simple Widget")
    .description("This is a simple widget demonstrating
      functional       javascript.");
  widget.render();
```

这段代码在页面上生成了如图 1-1 所示的内容。

Simple Widget

This is a simple widget demonstrating functional javascript.

图 1-1　生成的页面内容

1.4.3 工作原理

尽管这段代码非常简单，但是不可否认，它与 D3 风格的 JavaScript 非常相似。这不是巧合，在 JavaScript 编程范型中，这叫作函数式对象。与很多有趣的话题一样，这个话题也能写一本书。不过在本节中，我会尝试尽量多讲一些这种特殊范型最重要和最常用的知识，以让不理解 D3 语法的读者也能创建这种风格的库文件。正如 D3 的维基页面上所讲的那样，这种函数式编程风格给 D3 带来了极大的便利。

D3 的函数风格，使得多种组件插件之间的代码重用成为现实。

——D3 维基（2016 年 8 月）

函数即对象

JavaScript 中的函数是对象。与其他对象一样，函数对象只是键值对的集合。函数对象与普通对象的区别就是，函数可以执行，而且带有两个隐藏的属性，即函数上下文和函数代码。这两个隐藏属性有时候会给你一个大大的“意外惊喜”，如果你有着很深的过程式编程背景，这点可能更明显。不过这也是我们格外需要注意的地方：要了解 D3 使用函数的奇怪方式。

在采纳 ECMAScript 语言规范第 6 版之前，JavaScript 的大部分特性显得有些不够“面向对象”，不过在函数对象这方面，JavaScript 与其他语言相比较应该更胜一筹。

现在我们心里有了相关的概念，那就再看一遍这段代码。

```
var instance = {}; // <-- A

var headline, description; // <-- B

instance.render = function () {
  var div = d3.select('body').append("div");

  div.append("h3").text(headline); // <-- C

  div.attr("class", "box")
```

```
        .attr("style", "color:" + spec.color) // <-- D
        .append("p")
        .text(description); // <-- E

    return instance; // <-- F
  };
```

在第 A、B 和 C 行，可以看到 instance、headline 和 description 都是 SimpleWidget 这个函数对象的内部私有变量。可是 render 函数却是 instance 对象的一个方法，并且定义为对象字面量。函数本身也是对象，可以存储在对象/函数、其他变量、数组里，也可以用作函数参数。运行 SimpleWidget 的结果就是第 I 行所写的，返回一个 instance 对象。

```
  function SimpleWidget(spec) {
  ...
    return instance; // <-- I
  }
```

render 函数中用到了一些我们还没讲过的 D3 中的函数，不过现在先不管它们，后面的章节中将详细讲解。它们也只是渲染了一些可视化的东西，与我们目前的话题没有多大的关系。

静态变量作用域

好奇的读者可能会问，这个示例中的变量作用域到底是怎样的？看上去好奇怪，render 函数不仅访问了 instance、headline 和 description，而且还访问了从 SimpleWidget 传进来的 spec 变量。这个怪异的变量作用域其实是由一个简单的静态作用域规则来决定的。可以把这个规则想象成这样：当查找一个变量引用时，先把该变量当成是一个本地变量。如果没有找到变量声明（比如第 C 行中的 headline），就继续在父对象里找（本例中的 SimpleWidget 函数就是静态的父对象，headline 变量的声明在第 B 行）。如果还是没有找到，就不断地重复这个过程，递归地去父对象里查找，一直到全局变量的定义那层。如果最后还是没有找到，就针对该变量生成引用错误。这样的作用域行为与大多数流行语言（诸如 Java、C#）中的变量处理方式大相径庭，可能需要一段时间来适应，要是觉得不习惯，也不用担心，练得多了，就习惯了。

> 对于有 Java 和 C#编程背景的读者，需要再提醒一下，JavaScript 没有实现块作用域（block scoping）。我们这里描述的静态作用域规则，仅适用于函数/对象级别，不适用于块级别，具体如下面的代码所示。
>
> ```
> for(var i = 0; i < 10; i++){
>   for(var i = 0; i < 2; i++){
>     console.log(i);
>   }
> }
> ```
>
> 对于上面这段代码，读者可能觉得它会打印 20 个数字。其实在 JavaScript 里，这段代码会陷入无限循环。因为 JavaScript 没有实现块级别的作用域，所以里面那层循环的 i 与外面那层循环的 i 是同一个变量。于是里面的循环改变了 i 的值，导致外面的循环永远不会结束。

与流行的原型编程中的伪类模式相比，这样的模式通常称作函数模式。函数模式的优点是它提供了更好的信息隐藏和封装。因为只能通过静态作用域规则限定的那些嵌套定义函数来访问私有变量（示例中的 headline 和 description），所以 SimpleWidget 函数返回的对象就更加灵活，也更加健壮。

> 如果用函数式风格创建对象，并且该对象所有的方法都没有用 this，那这个对象就是持久（durable）的。持久对象就是许多功能行为的集合。
>
> ——D. Crockfort（2008 年）

可变参数函数

读者看看下面的代码，就会在第 G 行发现一些奇怪的东西。

```
instance.headline = function (h) {
  if (!arguments.length) return headline; // <-- G
  headline = h;
  return instance; // <-- H
};
```

有读者可能会问，第 G 行的 arguments 是从哪里来的？在这段示例代码中从来没有定义过它。其实这个 arguments 是内建的隐藏参数，并可在函数执行时直接使用。arguments

是一个数组，它保存了所在函数的全部参数。

实际上，arguments 本身并不是 JavaScript 的数组对象。虽然它有 length 属性，并可以用索引下标访问每个元素，但是它没有 JavaScript 中数组对象的那么多方法（比如 slice、concat）。如果要在 arguments 上使用 JavaScript 数组对象的标准方法，那么需要通过下列方式进行引用：

```
var newArgs = Array.prototype.slice.apply(arguments);
```

把这个隐藏的参数与 JavaScript 可以在函数声明时省略参数的功能结合起来，就可以写出 instance.headline 这种不需要指定参数个数的函数。在本例中，可以传参数 h，也可以不传。因为如果没有传进来参数，arguments.length 就返回 0，headline 函数就返回 h；如果 h 有值，那么它就变成了赋值操作。为了说明清楚，我们看看下面这段代码。

```
var widget = SimpleWidget({color: "#6495ed"})
    .headline("Simple Widget"); // set headline
console.log(widget.headline()); // prints "Simple Widget"
```

可以看到，headline 在参数不同的情况下，可以分别作为 setter 和 getter（赋值操作和取值操作）。

函数级联调用

这个例子的另一个有趣地方是函数的级联调用。这也是 D3 库提供的一个主要的函数调用方式，因为 D3 库中的大多数函数设计成了这种链式的结构，以便能提供简洁、上下文连贯的编程接口。如果读者理解可变参数函数的概念，就很好理解这个了。可变参数函数（比如 headline 函数）能同时作为 setter 和 getter，当其作为 setter 时，返回 instance 对象，这就使得读者可以在返回的 instance 上立即执行另一个函数，这就是所谓的链式调用。

看下面这段代码。

```
var widget = SimpleWidget({color: "#6495ed"})
  .headline("Simple Widget")
  .description("This is ...")
  .render();
```

在这个例子中，SimpleWidget 函数返回了 instance 对象（如第 I 行所示）。

```
function SimpleWidget(spec) {
...
    instance.headline = function (h) {
        if (!arguments.length) return headline; // <-- G
        headline = h;
       return instance; // <-- H
    };
...
    return instance; // <-- I
}
```

因为 headline 函数在这里就是 setter，同时也返回 instance 对象（如第 H 行所示）。所以，description 函数可以根据其返回值直接引用，执行后也返回 instance 对象。最后调用了 render 函数。

现在我们已经大概了解了 JavaScript 的函数式风格，并有了可工作的 D3 开发环境，也准备好了使用 D3 提供的丰富功能来一试身手。在开始前，我还想讲几个比较重要的事情，即如何寻找、分享代码以及遇到困难时如何获取帮助。

1.4.4 更多内容

先看几个有用的东西。

寻找、分享代码

在 D3 众多值得称赞的亮点中，有一个是它比其他可视化工具提供了更加丰富的示例和教程，读者可以从中汲取灵感。当我创建自己的开源可视化图表项目以及写作本书的时候，我在那些资源中获得了大量的灵感。我会在那些最棒的例子里，整理出一份清单出来。这份清单虽然不是百科全书，但却是个不错的入门参考。

- D3 gallery 中有不少有趣的例子，可以帮助读者在线查找 D3 的使用方法。它有各种各样的图表、特定的技术，还有一些与其他工具一起实现的示例。
- Christophe Viau 's D3 Gallery，算是一个分门别类的 D3 gallery，可以帮助读者快速地在线查找想要的例子。
- 在 D3 教程（https://github.com/d3/d3/wiki/Tutorials）中有很多朋友不断提供更新的教程、讨论和文档，为读者细致地演示了 D3 的概念和使用方法。

◆ D3 插件（https://github.com/d3/d3-plugins）。有时候读者需要的有些功能是 D3 没有的，在读者自己实现这些功能之前，最好先查找 D3 的插件库，它提供了各种常用或不常用的可视化功能。

◆ D3 API（https://github.com/d3/d3/blob/master/API.md）是很不错的文档。这里能找到 D3 所提供的全部功能、属性的详细说明。

◆ Mike Bostok's Blocks 是个 D3 示例站点，作者是 Mike Bostock，在这个站点里有很多有趣的例子。

◆ JS Bin 是个在线的 D3 测试、实验环境。读者可以很容易地通过该工具与其他人分享一些简单的代码。

◆ JS Fiddle 与 JS Bin 差不多，也是一个在线 JavaScript 代码分享平台。

如何获取帮助

即便有了这些例子、教程以及本书，读者在实践的过程里仍然会遇到问题。不过 D3 有数目庞大并且非常活跃的用户社区。一般情况，简单地搜索一下，就能找到满意的答案。要是没有也不用担心，D3 还有强大的社区支持。

◆ StackOverFlow 上的 D3.js：StackOverflow 是最著名的免费技术主题问答社区站点，D3 在 StackOverflow 上有专门的页面，可以帮助读者找到专家，快速地解答问题。

◆ D3 Google 讨论组：这是个官方的用户组，不仅有 D3，而且还有一些其他相关的库。

第 2 章 精挑细选

本章涵盖以下内容：

- 选取单个元素
- 选取多个元素
- 迭代选集中的元素
- 使用子选择器
- 函数级联调用
- 处理原始选集

2.1 简介

选集（selection）是基于 D3 的可视化项目的重要基础之一，用来定位页面上的特定视觉元素。如果读者已经熟知 W3C 的标准 CSS 选择器，或一些流行的 JavaScript 库（如 jquery 或 Zepto.js）提供的选择器 API，那么掌握 D3 的选择器 API 将易如反掌。不过，即便从未接触过选择器也无妨，本章将借助一些生动的例子，带领读者一步步地进入选择器的世界。这些例子涵盖了可视化中的绝大多数应用场景。

2.1.1 选集入门

所有的现代浏览器都内嵌支持 W3C 的标准选择器 API。然而，在网络开发，尤其是在数据可视化领域的开发中，这些 API 仍然具有局限性。它们只提供选择器，而并不提供集合类型。也就是说，虽然选择器 API 有助于在文档中选择元素，然而为了操作这些元素，读者仍然需要遍历每个元素，如以下代码段所示。

```
var selector = document.querySelectorAll("p");
selector.forEach(function(p){
    // do something with each element selected
    console.log(p);
});
```

上面的代码先选取了文档中所有的 p 元素，然后迭代遍历每个元素并进行相应操作。而在可视化项目中，我们需要不断地对页面上不同元素进行类似操作，这将很快演变成为单调的重复性工作。为了减少开发中的琐碎工作，D3 引入了自己的选择器 API。本章接下来将详细介绍 D3 的 API 的工作原理以及它具有哪些出色的特性。

2.1.2 CSS3 选择器入门

在深入 D3 的选择器 API 之前，需要先介绍 W3C 的 3 级选择器 API。如果读者已经掌握了这部分内容，可以跳过本节。D3 的选择器 API 基于 3 级选择器（也称 CSS3 选择器）实现。在本节，我们先来了解一些常用的 CSS3 选择器语法，这些是理解 D3 的选择器 API 的基础。下面的列表给出了在数据可视化项目中最常见的 CSS3 选择器的习惯用法。

◆ #foo：选中 id 为 foo 的元素<div id="foo">。

```
<div id="foo">
```

◆ foo：选中 foo 标签元素<foo>。

```
<foo>
```

◆ .foo：选中所有 class 为 foo 的元素<div class="foo">。

```
<div class="foo">
```

◆ [foo=goo]：选中所有属性 foo 的值为 goo 的元素<div foo="goo">。

```
<div foo="goo">
```

◆ foogoo：选中 foo 元素内的 goo 子元素<foo><goo></foo>。

```
<foo><goo></foo>
```

◆ foo#goo：选中 id 为 goo 的 foo 元素<foo id="goo">。

```
<foo id="goo">
```

◆ foo.goo：选中 class 为 goo 的 foo 元素<foo class="goo">。

```
<foo class="goo">
```

◆ foo:first-child：foo 元素的第一个子元素。

```
<foo> // <-- this one
<foo>
<foo>
```

◆ foo:nth-child(n)：foo 元素的第 n 个子元素。

```
<foo>
<foo>//<--foo:nth-child(2)
<foo>//<--foo:nth-child(3)
```

CSS3 选择器是一个复杂的话题，这里只列出有助于理解和高效掌握 D3 的一些最常用选择器，更多信息可访问 W3C 第 3 级选择器 API 官方文档。

如果目标浏览器因版本太低而不支持选择器，则可以尝试在引入 D3 之前，先引用 Sizzle 来解决向下兼容的问题。

目前 W3C 的下一代 4 级选择器 API 仍然处于草稿阶段，读者可以通过 https://drafts.csswg.org/selectors-4/对它将提供的特性和目前的状态进行预览。

一些主要的浏览器公司已经着手实现 4 级选择器，如果读者对自己的浏览器当前支持哪个级别的选择器感兴趣，可以参考检测站点 https://css4-selectors.com/browser-selector- test。

2.2 选取单个元素

在进行视觉处理时，常常需要选择页面上的单个元素。本例将展示在 D3 中如何使用 CSS 选择器来选取单个元素。

2.2.1 准备工作

请在浏览器中打开如下文件的本地副本：

https://github.com/NickQiZhu/d3-cookbook-v2/blob/master/src/chapter2/single-selection.html。

2.2.2 开始编程

选取一些元素（比如 paragraph 元素）并在屏幕上输出经典的“Hello world”信息。

```
<p id="target"></p><!-- A -->

<script type="text/javascript">
    d3.select("p#target") // <-- B
    .text("Hello world!"); // <-- C
</script>
```

本例将在屏幕上显示文本“Hello world!”。

2.2.3 工作原理

在 D3 中，我们用 d3.select 方法来选取单个元素。该 select 方法使用 CSS3 选择器字符串或者操作对象的引用作为参数，并返回 D3 选集。随后，用级联修饰函数对该选集的属性、内容以及 HTML 进行操作。这个选择器也可以用来选择多个元素，但是最终只返回选集中第一个匹配的元素。

本例中，在 B 行通过 id 的值选取了段落元素，然后在 C 行中将它的文本内容设置为“Hello world!”。所有的 D3 选集都支持一系列标准修饰函数，本例中用到的 text 函数就是其中之一。下面列出了本书中用到的部分常见的修饰函数。

- selection.attr 函数：用来读取或改变已选中元素中的给定属性。

```
// set foo attribute to goo on p element
d3.select("p").attr("foo", "goo");
```

```
//get foo attribute on p element
d3.select("p").attr("foo");
```

◆ selection.classed 函数：用来添加、删除选定元素中的 css class。

```
// test to see if p element has CSS class goo
d3.select("p").classed("goo");
// add CSS class goo to p element
d3.select("p").classed("goo", true);
// remove CSS class goo from p element. classed function
// also accepts a function as the value so the decision
// of adding and removing can be made dynamically
d3.select("p").classed("goo", function(){return false;});
```

◆ selection.style 函数：用来给选定元素添加指定样式，只要给某个特定的名称赋予特定的值即可。

```
// get p element's style for font-size
d3.select("p").style("font-size");
// set font-size style for p to 10px
d3.select("p").style("font-size", "10px");
// set font-size style for p to the result of some
// calculation. style function also accepts a function as
// the value can be produced dynamically
d3.select("p").style("font-size", function(){
    return parseFloat(d3.select(this).style('font-size')) +
            10 + 'px';
});
```

◆ 在前面的匿名函数中，由于变量 this 是所选元素<p>的 DOM 元素对象，因此，为了访问它的样式属性，需要将它再次封装到 d3.select 中。

◆ selection.text 函数：用来获取或设置选定元素的文本内容，具体用法如下所示。

```
// get p element's text content
d3.select("p").text();
// set p element's text content to "Hello"
d3.select("p").text("Hello");
// text function also accepts a function as the value,
// thus allowing setting text content to some dynamically
// produced content
d3.select("p").text(function(){
   return Date();
});
```

◆ selection.html 函数：用来更改元素内的 HTML 内容，具体用法如下所示。

```
// get p element's inner html content
d3.select("p").html();
// set p element's inner html content to "<b>Hello</b>"
d3.select("p").html("<b>Hello</b>");
// html function also accepts a function as the value,
// thus allowing setting html content to some dynamically
// produced message
d3.select("p").html(function(){
  return d3.select(this).text() +
    " <span style='color: blue;'>D3.js</span>";
});
```

这些修饰函数可用于单个元素以及多个元素，当应用于多元素选集时，这些函数会依次作用于每个元素。在后续的内容中将会看到类似示例。

当函数作为参数传入修饰函数时，其实同时还有一些其他的内置参数传入，从而最终实现了数据驱动计算。D3 的强大之处就在于数据驱动的方式，它的名称数据驱动文档（data-driven document），也正是来自于此。本书的后续章节中将详细讨论这一主题。

2.3 选取多个元素

通常情况下，我们很少只选取单个元素。相反，大多数情况下是同时对页面上的多个元素进行特定处理。在下面的例子中，我们将介绍 D3 的多元素选择器及其 API。

2.3.1 准备工作

在浏览器中打开如下文件的本地副本：

```
https://github.com/NickQiZhu/d3-cookbook-v2/blob/master/src/chapter2/
multiple-selection.html。
```

2.3.2 开始编程

本例展示了 d3.selectAll 函数的用途。在下面的示例代码中，我们将选取 3 个不同的

div 元素，然后利用 CSS 的 class 同时为其添加某些效果。

```
<div></div>
<div></div>
<div></div>

<script type="text/javascript">
    d3.selectAll("div") // <-- A
    .attr("class", "red box"); // <-- B
</script>
```

本例的效果如图 2-1 所示。

图 2-1　选取多个元素

2.3.3 工作原理

有读者可能会注意到，在上面例子中 D3 选集 API 的用法和单个元素选择器的用法非常类似。这正是 D3 选择器的强大之处。无论处理多少个元素，修饰函数都是不变的。我们前面提到的所有修饰函数都能够直接应用于多元素选集，也就是说，D3 选集是基于集合的。

尽管上面的示例表达的意思已经足够清晰，但我们仍然要详细分析一下。在第 A 行中，d3.selectAll 方法选取了页面上的所有 div 元素，该方法返回一个包含 3 个 div 元素的选集对象。然后，在第 B 行中，我们对这一选集调用 attr 函数，将这 3 个元素的 class 属性都设置为 red box。从本例可见，选择和操作相关代码都非常统一，即便页面出现更多的 div 元素，也不用改变原有代码。尽管在这里看来它无足轻重，但在后面的章节中，我们将更深地体会到这种方式将使代码变得更加简单且易于维护。

2.4 迭代选集中的元素

有些时候，我们需要遍历选集中的所有元素，再根据它们的不同位置分别进行不同的操作。本节将为读者介绍如何通过 D3 的选集迭代 API 来实现这种处理。

2.4.1 准备工作

在浏览器中打开如下文件的本地副本：

https://github.com/NickQiZhu/d3-cookbook-v2/blob/master/src/chapter2/selectioniteration.html。

2.4.2 开始编程

D3 为其选集对象提供了简单的迭代接口，我们可以用类似 JavaScript 数组的方式迭代 D3 选集。在本例中，我们将对上个例子返回选集中的 3 个 div 元素进行迭代访问，并用索引号标识每个元素。

```
<div></div>
<div></div>
<div></div>

<script type="text/javascript">
d3.selectAll("div") // <-- A
            .attr("class", "red box") // <-- B
            .each(function (d, i) { // <-- C
                d3.select(this).append("h1").text(i); // <-- D
            });
</script>
```

上述代码段将产生如图 2-2 所示的视觉效果。

图 2-2 迭代选集中的元素

2.4.3 工作原理

这个例子基于之前的示例，除了在第 A 行选取页面所有 div 元素，并在第 B 行上设置

class 属性之外，我们还对选集调用 each 函数。这说明对于多元素选集可以进行迭代，并且分别处理每一个元素。

这种在一个函数返回结果基础上调用另一个函数的方式称为函数级联调用（Function chaining）。如果希望进一步了解这种调用模式，可参见第 1 章，那里曾经对这种模式进行了介绍。

下面开始介绍 each 和 append 函数。

- selection.each(function)函数：each 函数以迭代函数作为其参数输入。给定的迭代函数接受两个可选参数 d 和 i 以及一个隐含的参数 this，this 为指向当前 DOM 元素的引用。第一个参数 d 表示这个元素的数据绑定（我们会在下一章对这一概念进行更深入的阐述）。第二个参数 i 指当前迭代元素在整个选集中的索引值，这个索引值是基于 0 的，也就是它从 0 开始，每次迭代递增 1。
- selection.append()函数：本例中用到的另一个函数为 append。它负责创建一个根据传入参数命名的新元素，并将其附加为当前选集的最后一个元素，然后返回包含新添加元素的选集。下面进一步来研究这个例子。

```
d3.selectAll("div") // <-- A
    .attr("class", "red box") // <-- B
    .each(function (d, i) { // <-- C
        d3.select(this).append("h1").text(i); // <-- D
    });
```

第 C 行定义了一个参数为 d、i 的迭代函数。第 D 行则更加有趣，在开头部分，d3.select 函数将 this 封装为一个 d3 选集，这个选集是一个用变量 this 表示的且包含当前 DOM 元素的单元素选集。这样一来，标准的 D3 选集 API 就可用在 d3.select(this)上。随后，我们在当前元素选集上调用 append("h1")函数，新建 h1 元素附加到当前元素上。然后将当前每一个新建 h1 元素的内容绘制为其索引值。最终效果如图 2-2 所示。需要注意的是，这里的索引值也是从 0 开始依次递增的。

DOM 元素对象本身提供了许多接口。如果要知道在迭代函数中能够对 DOM 元素进行何种操作，可参见 DOM 元素 API。

2.5 使用子选择器

在进行可视化的时候，常常需要在特定范围下选择元素。例如，选取某个 section 元素下的所有 div 元素。在本例中，我们将介绍在 D3 中这种需求的不同实现方式及各自的优缺点。

2.5.1 准备工作

在浏览器中打开如下文件的本地副本:

https://github.com/NickQiZhu/d3-cookbook-v2/blob/master/src/chapter2/sub-selection.html。

2.5.2 开始编程

下面的代码通过 D3 提供的两种不同方式选取了两个 div 元素。

```
<section id="section1">
    <div>
        <p>blue box</p>
    </div>
</section>
<section id="section2">
    <div>
        <p>red box</p>
    </div>
</section>

<script type="text/javascript">
    d3.select("#section1 > div") // <-- A
            .attr("class", "blue box");

    d3.select("#section2") // <-- B
            .select("div") // <-- C
            .attr("class", "red box");
</script>
```

代码的视觉效果如图 2-3 所示。

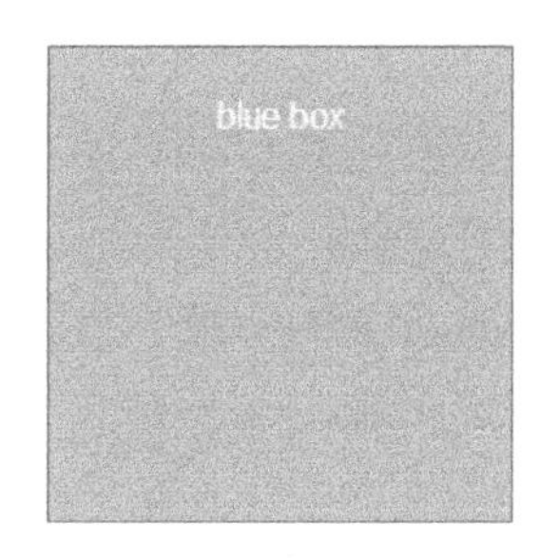

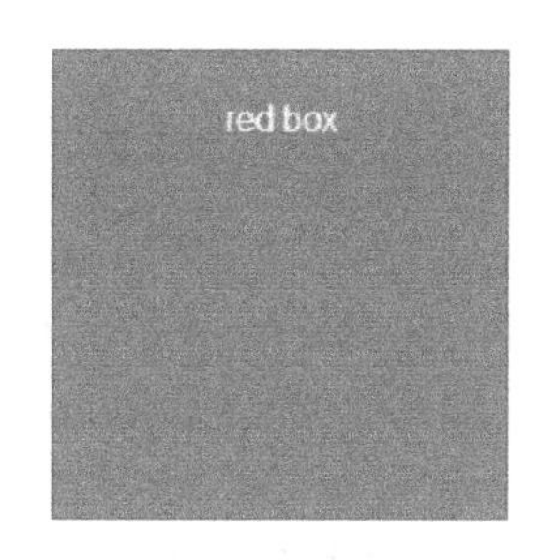

图 2-3　子选择器

2.5.3　工作原理

尽管视觉效果相同，但是这个例子中使用了两种完全不同的子选择技术。我们在这里将分别讨论它们的优缺点以及各自的适用场景。

- 3 级选择器连接符：在第 A 行中，d3.select 方法接受了一个特别的字符串，这个字符串为用大于号（U+003E, >）连接的两个元素名称。这种语法叫作连接符（这里大于号表示子连接符）。3 级选择器支持多种不同的结构连接符。我们先来快速浏览一些常用连接符。
- 后代连接符：这个连接符的语法为 selector selector。后代连接符，顾名思义，用来描述两个选择器之间的广义父子关系。之所以称之为广义，是因为第二个选择器可以是第一个选择器的任意后代，如子选择器或孙选择器甚至曾孙选择器。下面，让我们通过一些例子来解释这种关系。

```
<div>
<span>
The quick <em>red</em> fox jumps over the lazy brown dog
    </span>
</div>
```

如果使用下面的选择器：

```
div em
```

由于 div 是 em 元素的祖先，em 是 div 元素的后代，所以这个例子选取了其中的 em 元素。

◆ 子连接符：该连接符的语法为 selector > selector。子连接符描述了两个元素之间的严格父子关系。子连接符用一个大于号（U+003E，>）连接两个元素，具体如下所示。

```
span > em
```

这将选取出 em 元素，因为在本例中 em 是 span 元素的一级子元素。而 div>em 将不会返回任何有效的选集，因为 em 并不是 div 的直接子元素。

> 3 级选择器也支持相邻选择器，但由于它用得比较少，所以我们先略过不讲。感兴趣的读者可以参考 W3C 3 级选择器文档。
> W3C 4 级选择器还提供了许多有趣的连接符，如相邻后续（following-sibling）连接符或引用连接符，这些连接符同样功能非常强大。

◆ D3 嵌套式子选择器：在第 B 行和 C 行中，我们使用了不同的子选择器技术。在本例中，第 B 行通过“#section2”选取了一个 section 元素，然后在第 C 行中级联选择了一个 div 元素。这种类似级联选择的方式构成了一个区域选择。从字面上来说，这意味着它选择了一个嵌套在#secion2 内部的 div 元素；从语义上来说，这实质上类似于使用了后代连接符#section2 div。

这种子选择方式的好处在于父元素是先独立选取的，因此可以在继续选择子元素之前进行相应的处理。具体如以下代码所示。

```
d3.select("#section2") // <-- B
    .style("font-size", "2em") // <-- B-1
    .select("div") // <-- C
    .attr("class", "red box");
```

从以上代码可以看到，在选择 div 元素之前，在第 B-1 行中对#section2 使用了一个修饰函数。我们在下一节中将进一步探索这种灵活性。

2.6 函数级联调用

到现在为止，我们看到的 D3 API 都体现了函数级联调用的思想，因此它接近于形成了一个可以动态构建 HTML/SVG 的领域特定语言（Domain Specific Language）。在接下来的例子中，我们将看到如何只使用 D3 来生成前一个例子的页面结构。

如果对 DSL 不熟悉，则推荐阅读 Martin Fowler 在《领域特定语言》(*Domain-Specific Languages*) 一书中的相关解释。

2.6.1 准备工作

在浏览器中打开如下文件的本地副本：

`https://github.com/NickQiZhu/d3-cookbook-v2/blob/master/src/chapter2/function-chain.html`。

2.6.2 开始编程

接下来我们将展示如何用简洁且可读性更高的函数级联调用来生成动态图形。

```
<script type="text/javascript">
  var body = d3.select("body"); // <-- A

  body.append("section") // <-- B
      .attr("id", "section1") // <-- C
    .append("div") // <-- D
      .attr("class", "blue box") // <-- E
    .append("p") // <-- F
      .text("dynamic blue box"); // <-- G

  body.append("section")
      .attr("id", "section2")
    .append("div")
      .attr("class", "red box")
    .append("p")
      .text("dynamic red box");
</script>
```

上述代码生成图 2-4 所示的视觉效果（与之前章节效果类似）。

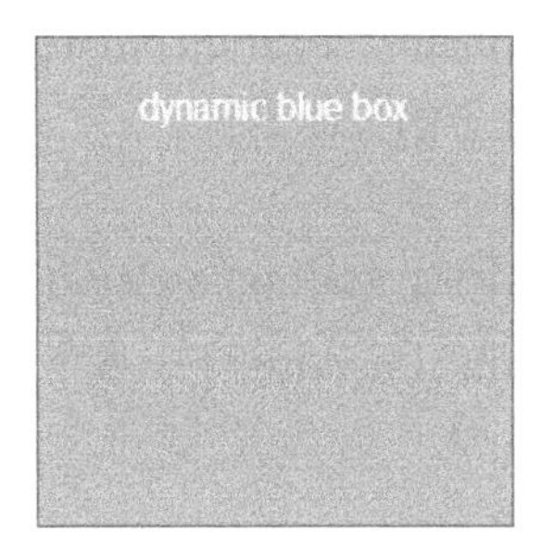

图 2-4 函数级联调用

2.6.3 工作原理

尽管与之前的效果很类似，但本例对 DOM 元素的构造过程却完全不同。如代码所示，在本例中页面上并没有任何静态 HTML 元素，而之前的例子中，section 和 div 元素都是事先存在的。

下面进一步研究这些元素是如何动态创建的。在第 A 行中，我们先选取了顶层 body 元素，然后用一个临时变量 body 来缓存该选集结果。而后第 B 行在 body 元素内追加一个新的元素 section。由于 append 函数返回了一个包含新添加元素的选集，因此在第 C 行中就可以为这个新创建的 section 元素的 id 属性赋值，这里它的值为 section1。第 D 行为#section1 附加了一个新创建的 div 元素，并且在第 E 行中设置 css class 为 blue box。随后，类似地，我们在第 F 行中往这个 div 元素上附加一个段落元素，并在第 G 行中设置其文本内容为 dynamic blue box。

如上所述，这种级联处理可以继续生成任意复杂的结构。事实上，典型的基于 D3 的数据可视化结构正是这样创建的。许多可视化项目只简单包含一个 HTML 骨架，然后用 D3 来创建剩余部分。如果希望熟练运用 D3 库，那么掌握这种函数级联调用的方式是必不可少的。

一些 D3 修饰函数会返回一个新的选集，例如 select、append、insert 函数。建议用缩进来区别应用于不同选集上的级联函数，这是个不错的做法。

2.7 处理原始选集

虽然不常使用，但某些时候，获取 D3 的原始选集数组对于开发是有利的，因为无论是为了调试，还是与其他 JavaScript 库集成，都可能需要原始的 DOM 元素。在本例中，我们将对此进行展示。同时，我们也会观察 D3 选集对象的内部结构。

2.7.1 准备工作

在浏览器中打开如下文件的本地副本：

https://github.com/NickQiZhu/d3-cookbook-v2/blob/master/src/chapter2/raw-selection.html。

2.7.2 开始编程

当然，可以使用 nth-child 选择器，或者在 each 函数基础上使用选集迭代函数，但是在有些情况下，这些方式过于繁琐。这里提供一种处理原始选集数组更加便利的方法。在本例中，可以看到对原始选集数组进行存取和处理的方法。

```
<table class="table">
    <thead>
    <tr>
        <th>Time</th>
        <th>Type</th>
        <th>Amount</th>
    </tr>
    </thead>
    <tbody>
    <tr>
        <td>10:22</td>
        <td>Purchase</td>
        <td>$10.00</td>
    </tr>
    <tr>
        <td>12:12</td>
        <td>Purchase</td>
        <td>$12.50</td>
    </tr>
    <tr>
        <td>14:11</td>
        <td>Expense</td>
        <td>$9.70</td>
    </tr>
    </tbody>
</table>

<script type="text/javascript">
```

```
    var trSelection = d3.selectAll("tr"); // <-- A
    var headerElement = trSelection.nodes()[0]; // <-- B
    d3.select(headerElement).attr("class", "table-header"); // <-
    - C
    var rows = trSelection.nodes();
    d3.select(rows[1]).attr("class", "table-row-odd"); // <-- D
    d3.select(rows[2]).attr("class", "table-row-even"); // <-- E
    d3.select(rows[3]).attr("class", "table-row-odd"); // <-- F
</script>
```

本例生成的视觉效果如图 2-5 所示。

Time	Type	Amount
10:22	Purchase	$10.00
12:12	Purchase	$12.50
14:11	Expense	$9.70

图 2-5　原始选集的处理

2.7.3　工作原理

在本例中，我们遍历了一个页面上的 HTML 表格，并为之上色。事实上，这并非在 D3 下为表格的奇偶行上色的最好示例，但在这里，我们意在展示如何获取原始选集数组。

一个为表格奇偶行上色的更好方式是使用 each 函数，然后根据不同的索引参数进行处理。

在第 A 行中，我们选取了所有的行并将选集结果存储在变量中。D3 选集提供了一个非常便利的函数，即 nodes()，它会将选择的元素节点以数组的形式返回。因此，可以使用 d3.selectAll("tr").nodes()[0]和 d3.selectAll("tr").nodes()[1]来分别获得第一和第二个选中元素。在第 B 行中，表格的 header 元素可以通过 trSelection.nodes()[0]来获取，得到 DOM 元素对象。在前面章节中我们提到过，任何 DOM 元素都可以直接通过 d3.select 来选取，如第 C 行所示。在第 D、E、F 行中，我们展示了如何对选集中的每个元素进行直接索引和访问。在某些情况下，特别是 D3 与其他 JavaScript 库搭配使用时，原始选集访问方式特别方便，因为其他库无法使用 D3 选集而只能使用原始的 DOM 元素。

这种方法通常在测试环境中是非常有用的，因为这种情况下知道每个元素的绝对下标，可以方便快捷地引用它们。关于这方面的话题，我们将在相关章节中详细介绍。

在本章中，我们介绍了使用 D3 的选集 API 来选择和操作 HTML 元素的各种方法。在下一章中，我们将探讨如何将数据与选集绑定到一起，以动态地驱动所选元素的视觉外观，这是数据可视化的基本步骤。

第3章 与数据同行

本章涵盖以下内容：

- 将数组绑定为数据
- 将对象字面量绑定为数据
- 将函数绑定为数据
- 数组的处理
- 数据的过滤
- 基于数据的图形排序
- 从服务器加载数据
- 利用队列异步加载数据

3.1 简介

在本章中，我们将探索数据可视化工程中最关键的问题——如何将数据用程序和图形进行表示。在进入这个主题之前，有必要澄清何为数据可视化。首先，要理解数据和信息有什么差别。

> 数据是纯粹的事实。“纯粹”意味着这种事实没有经过任何处理，其意义也没有得到揭示。而信息是数据处理的结果，它揭示了数据的意义。
>
> ——P. Rob、S. Morris 与 C. Coronel（2009 年）

以上就是“数据”和“信息”在数字世界的传统定义。然而相比上述概念，数据可视化（data visualization）的含义更加丰富，因为对数据可视化而言，信息不仅是数据处理的结果，而且是事实的可视化表示。就像 Manuel Lima 在他的《信息可视化宣言》（*Information Visualization Manifesto*）中提到的那样，在物质世界中，设计的形式是取决于其功能的。

同一个数据集可以表示为多种可视化形式，并且每一种形式都有恰当的含义。从某种意义上说，可视化更注重人对数据内在观察的展示。Card、McKinlay 和 Shneidermand 对此持有更加激进的观点，他们认为信息可视化是：

> 在计算机辅助下，用交互的、可视化的方式对抽象数据进行展示，以达到对数据认知的放大。
>
> ——S. Card、J. McKinlay 与 B. Shneiderman（1999 年）

在接下来的几节里，我们将展示 D3 是如何将数据和图形领域联系起来的。这也是我们借助于数据创造认知放大器的第一步。

进入—更新—退出模式

将每一个数据与相应图形关联起来是一项复杂而枯燥的任务。例如，为数据集合中的每一个数据绘制一个长条，当集合中的数据变化时更新相应图形的长度，以及当某些数据不存在时删除相应的图形。这正是 D3 的特点之一，因为它专门针对数据和图形的关联处理进行了精巧的设计。D3 将数据和图形的联系定义为一种模式，这称为“进入—更新—退出”（enter-update-exit）模式。这种模式与我们大多数开发人员熟悉的命令式模式有非常大的不同。但是为了有效地使用 D3，我们必须理解这种模式。因此在本节，我们将详细地解释与这种模式相关的概念。首先，来看一张描述数据和图形关系的示意图（如图 3-1 所示）。

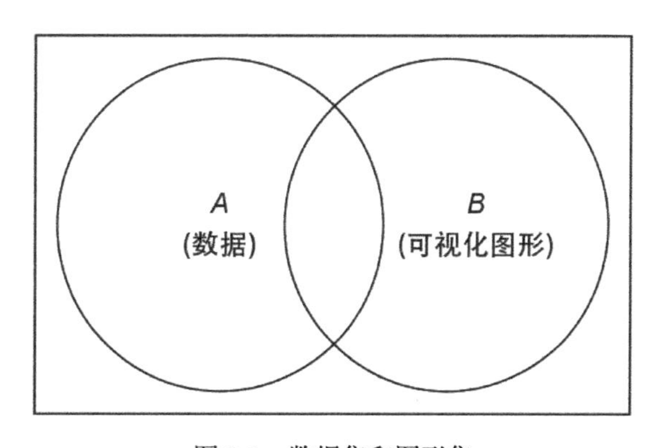

图 3-1　数据集和图形集

在图 3-1 中，两个圆分别代表两个交集非空的集合。集合 A 代表数据集合，集合 B 代表图形元素集合。这就是 D3 看待数据和图形联系的方式。有读者也许会问，集合理论和数据可视化有什么关系呢？接下来对这个问题进行解释。首先，让我们一起考虑一个问题，如何找到当前数据对应的所有图形呢？答案显然是 $A\cap B$，也就是集合 A 和集合 B 的交集。这个交集之内的所有元素同时属于数据和图形两个领域。

图 3-2 所示的阴影区域表示 A 和 B 的交集，即 $A\cap B$。在 D3 中，可以使用 selection.data() 函数选择这个交集。在选择时，selection.data(data)函数可以帮助我们建立数据领域和图形领域的联系，这在上面已经介绍过了。其中，初始选定的 D3 对象集合（即选集）组成了 B，也就是图形领域；data 函数中的参数 data 组成了集合 A，也就是数据领域。该函数的返回值是一个（绑定了数据的）新 D3 对象集合，也就是交集中的所有元素。现在，我们就可以针对新集合调用相关函数，并对其中的元素进行更新。这个新集合所在的状态通常称为更新状态（Update Mode）。

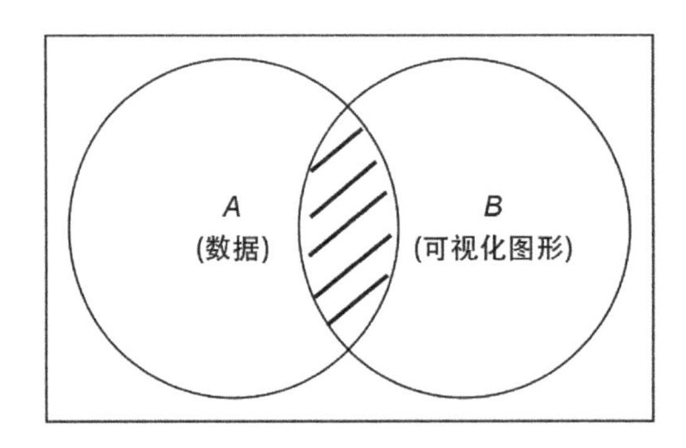

图 3-2 更新状态（Update Mode）

我们考虑的第 2 个问题是如何确定还没有可视化的数据。答案是 A 和 B 的差集，记为 $A\backslash B$。为直观起见，我们可以用图 3-3 表示。

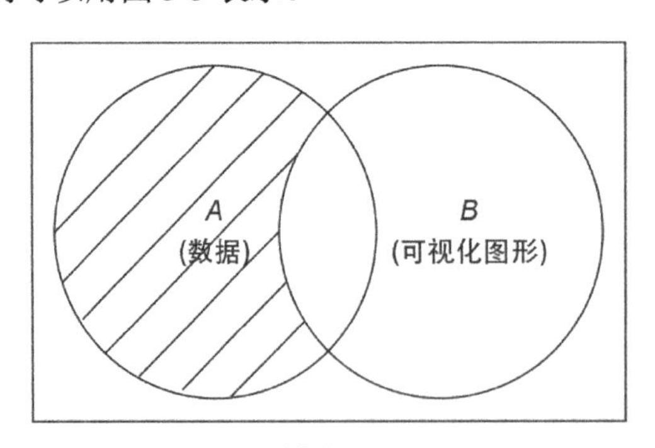

图 3-3 进入模式（Enter Mode）

集合 A 中的阴影区域表示未可视化的数据。为了访问 $A\backslash B$ 子集，我们需要在拥有数据绑定的 D3 对象集合（也就是 data 函数返回的 D3 对象集合）上运行 selection.data(data).enter() 函数。enter 函数将返回一个新的 D3 对象集合，这个集合包含了所有没有可视化的数据，也就是子集 *A**B*。我们可以在这个集合上级联调用相关函数，创建新的图形来表示给定的数据。这个集合的状态称为进入模式（Enter Mode）。

接下来将是我们需要考虑的第 3 种情况，即如何表示没有任何关联数据的图形。有读者也许会问，这种没有关联数据的图形是怎么产生的呢？通常情况下，它们是通过从数据集合中删除数据而产生的。如果我们在一开始为数据集的所有数据都指定了相应的图形，而后删除了其中一些数据，那么就得到一个失去数据关联的图形集合。这个子集中的图形不再与数据集合中的任何数据相关联。它可以使用更新模式的反向差集，即 *B**A* 表示。

图 3-4 所示的阴影区域就是我们讨论的差集。这个子集可以使用 selection.exit 函数从拥有数据绑定的 D3 对象集合中得到。当我们在一个拥有数据绑定的 D3 对象集合上调用 selection.data(data).exit 函数的时候，会得到一个新的 D3 对象集合。这个新的集合包含原集合上没有关联任何有效数据的图形。当然，作为一个有效的 D3 选集对象，我们也可以在这个新的集合上级联调用相关函数以更新这些图形，或者当我们不再需要这些图形时删除它们。这个新的集合状态称为退出模式（Exit Mode）。上述讨论的 3 种选集模式涵盖了数据和图形领域交互方面的所有情况。

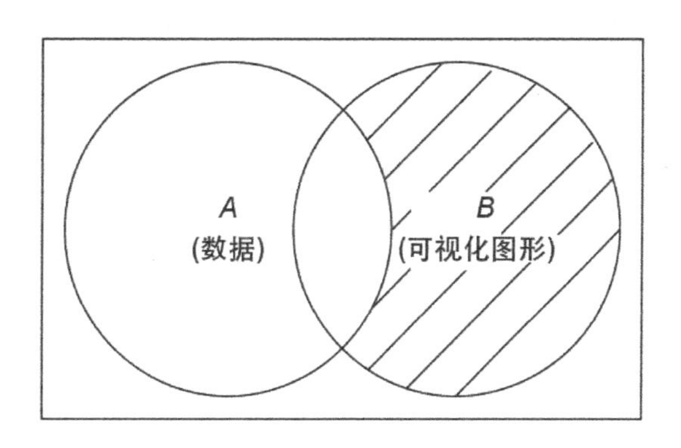

图 3-4　退出模式

此外，D3 还提供了第 4 种选集模式，当需要避免重复的可视化代码或所谓的 DRY 代码时，它就有了用武之地。第 4 种模式称为合并模式，它可以使用 selection.merge 函数调用。这个函数将传递给 merge 函数的给定选集与调用函数的选集进行合并，并返回二者的并集作为新的选集。在进入—更新—退出（enter-update-exit）模式中，合并函数通常用于构造一个同时涉及进入模式和更新模式的选集，因为那是大多数重复代码所在的地方。

图 3-5 所示的阴影区域显示了合并模式所对应的数据点，它合并了进入和更新模式。

从本质上说，这是非常方便的，因为现在只需单个级联调用就能解决所有模式的风格问题，从而降低了代码的重复程度。在本章的每个示例中，我们都会看到合并模式的影子。

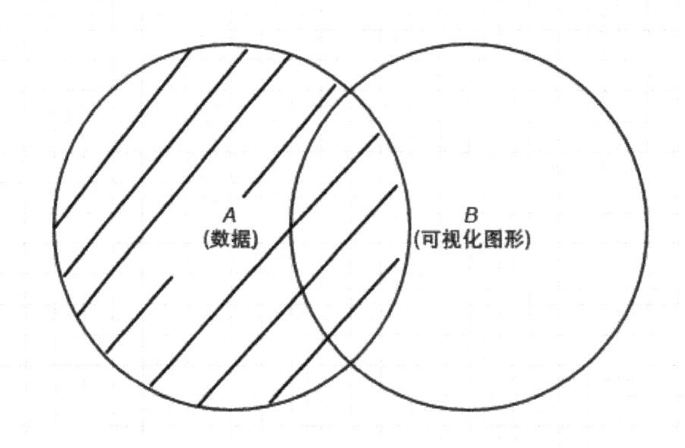

图 3-5 合并模式

在软件工程中，不要重复自己（DRY）是软件开发的一个原则，这个原则旨在减少各种信息的重复（Wikipedia，2016 年 8 月）。如果读者希望深入了解这方面的内容，可阅读 Mike Bostock 的文章 *What Makes Software Good*。

进入—更新—退出模式是所有基于 D3 的可视化技术的基石。在本章后面的示例程序中，我们将介绍如何利用这些选择方法轻松高效地生成各种数据驱动的视觉元素。

3.2 将数组绑定为数据

使用 JavaScript 中的数组作为 D3 可视化中的数据是最常见的做法。例如，你有一个数组，它里面存储了许多数据元素，你希望生成一系列图形元素，其中每一个图形代表数组中的一个记录，并且当数组中的数据进行更新的时候，希望这些图形立即对此做出相应的改变。在这个例子中，我们将实现这种效果。

3.2.1 准备工作

在浏览器中打开下列文件的本地副本：

https://github.com/NickQiZhu/d3-cookbook-v2/blob/master/src/chapter3/array-as-data.html。

3.2.2 开始编程

要完成这种效果，我们的第一反应是遍历数组中的数据，在页面上为每一个数据生成相应的图形。这个办法确实可行，而且 D3 也支持这样的方式。但是，我们之前讨论的进入—更新—退出模式为生成图形提供了一种更为简单有效的方法。下面，我们为读者介绍其具体用法。

```
var data = [10, 15, 30, 50, 80, 65, 55, 30, 20, 10, 8]; // <- A
    function render(data) { // <- B
        var bars = d3.select("body").selectAll("div.h-bar") // <- C
                .data(data); // Update <- D
        // Enter
        bars.enter() // <- E
                .append("div") // <- F
                    .attr("class", "h-bar") // <- G
            .merge(bars) // Enter + Update <- H
                .style("width", function (d) {
                    return (d * 3) + "px"; // <- I
                })
                .text(function (d) {
                    return d; // <- J
                });
        // Exit
        bars.exit() // <- K
                .remove();
    }
    setInterval(function () { // <- L
        data.shift();
        data.push(Math.round(Math.random() * 100));
        render(data);
    }, 1500);
    render(data);
```

本例生成的视觉效果如图 3-6 所示。

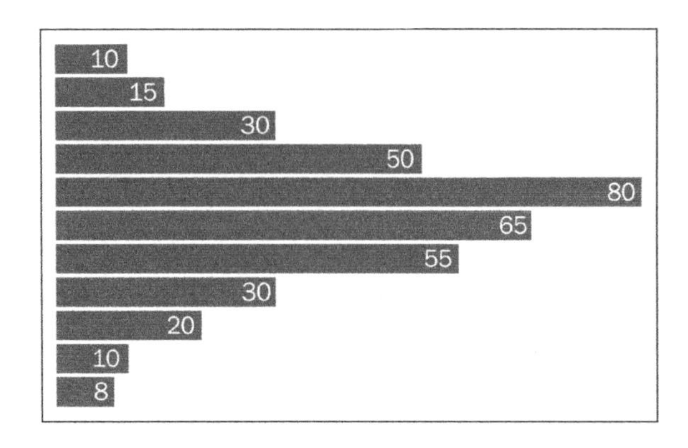

图 3-6 将数组作为数据

3.2.3 工作原理

在本例中，数据（这里是一系列整数）保存在一个 JavaScript 数组中（参照上面代码中的第 A 行）。第 B 行定义了一个 render 函数，这样就可以通过不断调用这个函数来更新图形。从第 C 行开始执行选取操作：通过 CSS 类选出页面中的所有 div 元素。有读者可能会奇怪，这个时候页面上分明没有这些元素，为什么还要选择它们呢？不错，页面上确实没有这些元素。这种操作实际上是选出了图形元素的集合，我们在 3.1 节介绍过。选取操作实际上就是宣布页面上应该有一系列的 div.h-bar 元素，以构成我们的图形集合。在第 D 行，我们通过在这个初始选集上调用 data 函数将数组绑定到这些将要创建的图形元素上。在数据集合和图形集合都定义完毕之后，就可以调用 enter()函数选出所有还没有可视化的数据元素，具体如第 E 行代码所示。可想而知，在第一次调用 render 函数的时候，它将返回数组中的所有数据，具体代码如下所示。

```
var bars = d3.select("body")
                .selectAll("div.h-bar") // <- C
                .data(data); // Update <- D
// Enter
bars.enter() // <- E
    .append("div") // <- F
    .attr("class", "h-bar") // <- G
```

在第 F 行，我们为 enter()函数选定的每一个数据都创建了一个 div 元素，并把这些元素加入 body 元素中。这样，数组中的每一个数据都有了一个对应的 div 元素。最后，我们将 div 元素的 CSS 样式类设置为 h-bar（参见第 G 行）。至此，可视化效果的大致轮廓就已经完成了，我们有了一系列空的 div 元素。接下来，将基于给定数据修改相应图形元素的属性。

D3 在相应的 DOM 元素中添加了一个名为__data__的属性，并通过这个属性将数据和图形联系起来。这样，当选定元素的数据集更新的时候，D3 可以正确地计算出图形集合和数据集合的交集与差。实际上，要观察该属性的值并不难，既可以使用编程方式，也可以通过调试器得到附加在 DOM 元素上的__data__属性值，具体如图 3-7 所示。

```
▼ Properties
▼ div.h-bar
    __data__: 30
    accessKey: ""
```

图 3-7　__data__属性值

这对于 D3 的可视化调试是非常实用的。

在下面的代码中，具体来说是第 H 行，我们以选中的元素作为参数调用了 merge 函数。实际上，这个函数的作用就是对进入模式选中的元素（进入模式选集）和更新模式选中的元素（更新模式选集）进行合并，从而返回二者的并集。这样，我们就能够同时对进入模式和更新模式中的元素级联调用相关函数。如果没有 merge 函数，为了处理进入模式和更新模式中的元素，需要分别重复这些代码。之后，在第 I 行，我们将在与数据关联的图形元素上添加名称为 width 的动态属性，并且将属性的值设置为相应数据的 3 倍，具体代码如下所示。

```
bars.enter() // <- E
        .append("div") // <- F
            .attr("class", "h-bar") // <- G
    .merge(bars) // Enter + Update <- H
        .style("width", function (d) {
            return (d * 3) + "px"; // <- I
        })
        .text(function (d) {
            return d; // <- J
        });
```

所有 D3 的修饰函数都可以使用这类动态函数来更改图形元素的属性。这个过程生动地展示了何为数据驱动的可视化。因此，我们有必要理解这个函数是如何达到我们想要的效果的。这个函数的参数表只有一个形式参数 d，它的值就是与当前图形元素相关联的数据的值。在本例中，与第一个条形 div 元素关联的数据值为 10，第二个为 15，以此类推。

因此，这个函数按照要求依次将每一个条形元素关联的数据值乘以 3，并将计算结果返回，作为其 width 属性值，这里以像素为单位。同时，在第 J 行，我们使用类似的方法修改了 div 元素的文本内容，具体来说就是与每个图形元素有关的数据值。

动态修饰函数实际上有 d 和 i 两个形式参数。其中，第一个参数 d 代表与图形元素相关联的数据，这个我们之前已经提过了；第二个参数 i 是一个从 0 开始的当前图形元素的下标。前一章的某些例子使用过这个下标，我们还将在本章的其他例子中使用这个参数，但用法与之前有所不同。

在上述例子的“更新”过程中会生成如下的 HTML。

```
<div class="h-bar" style="width: 30px;">
    10
</div>
<div class="h-bar" style="width: 45px;">
    15
</div>
....
<div class="h-bar" style="width: 24px;">
    8
</div>
```

最后一个部分是处理退出模式的元素的。这部分相对容易。

```
bars.exit() // <- K
    .remove();
```

与前面两个部分类似，exit()函数返回处于退出模式的图形元素。通常情况下，我们会删除这些退出模式的图形，但是同样可以在它们上面应用修饰函数或者过渡效果。类似的处理将在后续章节中加以介绍。

在上面代码中的第 K 行，我们调用 exit()函数得到了没有任何数据关联的图形元素。最后，我们调用 remove()函数删除 exit()函数选择的这些元素。这样，就可以保证改变数据后，在调用 render()函数时所有的图形和数据都是同步的。

下面是最后的代码：

```
setInterval(function () { // <- L
        data.shift();
        data.push(Math.round(Math.random() * 100));
        render(data);
    }, 1500);
```

在第 L 行，我们创建了一个匿名函数，用 shift()函数将数组的第一个元素移除，然后使用 push()函数在数组的尾部追加一个随机数，然后每隔 1.5s 调用一次。当数组更新完毕之后，我们再次调用 render()函数更新图形，使图形和数据保持同步。这就实现了本例中动态条形图的效果。

3.3　将对象字面量绑定为数据

在比较复杂的可视化效果中，数组中存储的数据并不是一个单一的整数或者一个字符串，而是一个 JavaScript 对象。在本例中，我们将讨论如何通过 D3 处理这类复杂的数据结构来生成可视化效果。所谓对象字面量（object literals）是一个用大括号包围的、逗号分隔的键值对的组合。

3.3.1　准备工作

在浏览器中打开如下文件的本地副本：

`https://github.com/NickQiZhu/d3-cookbook-v2/blob/master/src/chapter3/object-asdata.html`。

3.3.2　开始编程

每当我们从 Web 上获取数据的时候，最常见的数据形式也许就是 JavaScript 对象字面量。在本例中，我们将探讨如何使用 JavaScript 对象生成丰富的可视化效果。下面的代码给出了具体的实现过程。

```
var data = [ // <- A
        {width: 10, color: 23},{width: 15, color: 33},
        {width: 30, color: 40},{width: 50, color: 60},
        {width: 80, color: 22},{width: 65, color: 10},
        {width: 55, color: 5},{width: 30, color: 30},
        {width: 20, color: 60},{width: 10, color: 90},
        {width: 8, color: 10}
    ];
    var colorScale = d3.scaleLinear()
        .domain([0, 100])
        .range(["#add8e6", "blue"]); // <- B
    function render(data) {
        var bars = d3.select("body").selectAll("div.h-bar")
                .data(data); // Update
        // Enter
        bars.enter()
                .append("div")
                .attr("class", "h-bar")
                .merge(bars) // Enter + Update
                .style("width", function (d) { // <- C
                    return (d.width * 5) + "px"; // <- D
                })
                .style("background-color", function(d){
                    return colorScale(d.color); // <- E
                })
                .text(function (d) {
                    return d.width; // <- F
                });
        // Exit
        bars.exit().remove();
    }
    function randomValue() {
        return Math.round(Math.random() * 100);
    }
    setInterval(function () {
        data.shift();
        data.push({width: randomValue(), color: randomValue()});
        render(data);
    }, 1500);
    render(data);
```

本例生成的可视化效果如图3-8所示。

图 3-8　将对象绑定为数据

本例是建立在上面例子基础上的，所以，如果读者对进入—更新—退出选择模式还不太熟悉，可首先回顾一下之前的例子。

3.3.3　工作原理

在本例中，我们使用的数据不是简单的整数（见前面的例子），而是由 JavaScript 对象构成的数组（参见第 A 行）。每一个对象包含宽度和颜色两个属性，这两个属性均为整数。

```
        {width: 10, color: 23},
        {width: 15, color: 33},
...
        {width: 8, color: 10}
    ];
```

在第 B 行，我们定义了一个貌似比较复杂的颜色尺度（color scale）。

```
...
.range(["#add8e6", "blue"]); // <- B
...
```

我们将在下一章详细讨论尺度（scale），包括颜色尺度，因此目前我们仅需要知道有一个 scale 函数可以将输入的整数值转换为符合 CSS 要求的颜色值即可。

本例与前一个例子的最大区别在于第 C 行。

```
function (d) { // <- C
    return (d.width * 5) + "px"; // <- D
}
```

在本例中，与每一个图形元素关联的是一个 JavaScript 对象而不是一个整数，这与前面的例子不同。因此，我们可以访问这个对象的属性 d.width，就像第 D 行那样。

如果数据对象还拥有成员函数，也可以在修饰函数中调用它。这是用于辅助数据处理的一个方便的做法。但是，由于修饰函数在可视化过程中往往调用多次，因此这些数据处理函数最好能有较高的执行效率。否则，最好在进行数据可视化之前对数据进行预处理。

在下面代码中的第 E 行，我们也可以通过先前定义的颜色尺度对 d.color 的值进行相应的处理，然后将生成的颜色赋值给 background-color。

```
.style("background-color", function(d){
  return colorScale(d.color); // <- E
})
.text(function (d) {
  return d.width; // <- F
});
```

同样，在第 F 行，我们让每个条形图的文本显示其宽度。

这个例子展示了如何利用前面示例中相同的方法，方便地将 JavaScript 对象绑定到图形元素上。这也正是 D3 最强大的地方之一：重用相同的模板和方法就能处理各种不同类型的数据，无论这些数据是多么简单还是多么复杂。接下来我们将接触到更多诸如此类的例子。

3.4 将函数绑定为数据

D3 的特色之一就是为 JavaScript 的函数式编程风格提供了完美的支持，它同样将函数作为数据来对待。这个特性可以在某些情况下发挥强大的作用。本例是一个更加高级的例子。对于 D3 的初学者来说，这个例子一开始可能有些难以理解，但是，随着相同模式的不断出现，将会逐渐熟悉这种函数型程序设计方式。

3.4.1 准备工作

在浏览器中打开下列文件的本地副本：

https://github.com/NickQiZhu/d3-cookbook-v2/blob/master/src/chapter3/function-as-data.html。

3.4.2 开始编程

在本例中，我们开始将函数本身作为数据绑定到图形元素上。如果使用得当，这将使程序变得极其强大而灵活。

```
<div id="container"></div>

<script type="text/javascript">
    var data = []; // <- A
    var datum = function (x) { // <- B
        return 15 + x * x;
    };
    var newData = function () { // <- C
        data.push(datum);
        return data;
    };
    function render(){
        var divs = d3.select("#container")
                    .selectAll("div")
                    .data(newData); // <- D
        divs.enter().append("div").append("span");
        divs.attr("class", "v-bar")
            .style("height", function (d, i) {
                return d(i) + "px"; // <- E
            })
            .select("span") // <- F
                .text(function(d, i){
                    return d(i); // <- G
                });
        divs.exit().remove();
    }
    setInterval(function () {
        render();
```

```
    }, 1000);
    render();
</script>
```

上述代码将生成图 3-9 所示的条形图。

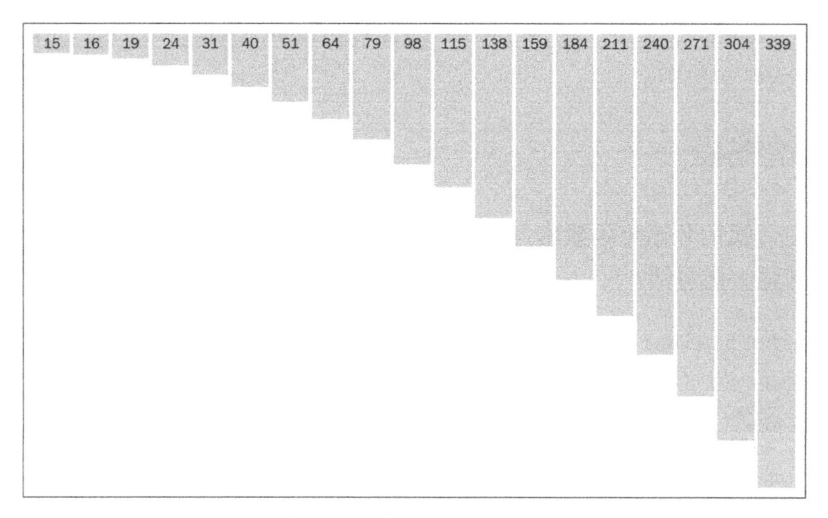

图 3-9　将函数作为数据

3.4.3　工作原理

在本例中，我们将用垂直条的形式显示公式 15 + x * x 在 x 取整数值情况下的计算结果，并且每隔 1.5s 在右侧添加一个新的条形。当然，也可以使用前面两个例子中采用的实现方式，例如，利用公式生成一个数组，然后每隔 1.5s 就从 n 到 n+1 向数组中添加一个新的计算结果并重新渲染图形。但是在本例中我们将尝试使用函数实现这个效果。

这一次，我们将从一个空的数组开始，相应的代码可参看第 A 行。在第 B 行，我们定义了一个简单的函数，用以计算表达式 15 + x * x 的值。第 C 行定义了另外一个函数 newData，它将第 n + 1 个 next 函数作为数据添加到了数据集中，具体代码如下所示。

```
var data = []; // <- A
var datum = function (x) { // <- B
    return 15 + x * x;
};
var newData = function () { // <- C
    data.push(datum);
    return data;
};
```

上述程序看起来非常奇怪，那它是如何产生最终效果的呢？我们来看一看可视化效果部分的代码。首先，像之前的例子一样，在第 D 行，它将数据绑定到图形元素上。但是，这次的数据并不是数组，而是 newData 函数。

```
var divs = d3.select("#container")
            .selectAll("div")
            .data(newData); // <- D
```

D3 在数据处理方面是非常灵活的。如果将一个函数作为参数传递给 data 函数，那么，D3 会直接调用这个函数，并将返回值作为参数来调用 data 函数。在本例中，newData 函数作为参数，其返回值是一个函数数组。因此，在第 E 行和第 G 行，对于动态修饰函数来说，传递给这些函数的数据 d 实际上就是对 next 函数的引用，具体代码如下所示。

```
divs.attr("class", "v-bar")
    .style("height", function (d, i) {
        return d(i) + "px"; // <- E
    })
    .select("span") // <- F

    .text(function(d, i){
        return d(i); // <- G
    });
```

由于 d 是函数的引用，因此可以用下标 i 作为 d 的参数。这样就依次计算出了公式的值，并生成了最后的可视化效果。

在 JavaScript 中，函数是特殊的对象。从语义上讲，绑定函数与绑定数据实际上是相同的。另外需要指出的是，数据也可以看作是一类函数。常量数据（例如整数），就可以看作是返回一个固定值的静态函数。

虽然本例中的技术在可视化中不太常用，但是如果使用得当，它可以使程序变得非常强大而灵活，尤其是需要处理持续变化的数据集时更是如此。

作为数据的函数在一般情况下要求是幂等的。幂等在这里指同一个函数，对于相同输入的多次运算结果与一次的运算结果是相同的。关于幂等的详细介绍，可参见 wikipedia。

3.5 数组的处理

现实中，大部分数据是用数组表示的，我们也在如何使用数组表示或者重组数据上花费了相当大的精力。因此，D3 提供了大量用于数组操作的函数。这些函数极大地简化了数组的处理。

在本例中，我们将探索其中最常用的几个函数。

3.5.1 准备工作

打开如下文件的本地副本：

`https://github.com/NickQiZhu/d3-cookbook-v2/blob/master/src/chapter3/working-with-array.html`。

3.5.2 开始编程

下面的示例代码为读者展示了 D3 提供的几个最常用的数组操作函数及其功能。

```
<script type="text/javascript">
    // Static html code were omitted due to space constraint

    var array = [3, 2, 11, 7, 6, 4, 10, 8, 15];
    d3.select("#min").text(d3.min(array));
    d3.select("#max").text(d3.max(array));
    d3.select("#extent").text(d3.extent(array));
    d3.select("#sum").text(d3.sum(array));
    d3.select("#median").text(d3.median(array));
    d3.select("#mean").text(d3.mean(array));
    d3.select("#quantile").text(
            d3.quantile(array.sort(d3.ascending), 0.25)
    );
    d3.select("#deviation").text(d3.deviation(array));
    d3.select("#asc").text(array.sort(d3.ascending));
    d3.select("#desc").text(array.sort(d3.descending));
    d3.select("#bisect").text(
        d3.bisect(array.sort(d3.ascending), 6)
    );
    var records = [
        {quantity: 2, total: 190, tip: 100, type: "tab"},
        {quantity: 2, total: 190, tip: 100, type: "tab"},
        {quantity: 1, total: 300, tip: 200, type: "visa"},
```

```
        {quantity: 2, total: 90, tip: 0, type: "tab"},
        {quantity: 2, total: 90, tip: 0, type: "tab"},
        {quantity: 2, total: 90, tip: 0, type: "tab"},
        {quantity: 1, total: 100, tip: 0, type: "cash"},
        {quantity: 2, total: 90, tip: 0, type: "tab"},
        {quantity: 2, total: 90, tip: 0, type: "tab"},
        {quantity: 2, total: 90, tip: 0, type: "tab"},
        {quantity: 2, total: 200, tip: 0, type: "cash"},
        {quantity: 1, total: 200, tip: 100, type: "visa"}
    ];
    var nest = d3.nest()
            .key(function (d) { // <- A
                return d.type;
            })
            .key(function (d) { // <- B
                return d.tip;
            })
            .entries(records); // <- C
    d3.select("#nest").html(printNest(nest, ""));
    // Utility function to generate HTML
    // representation of nested tip data
    function printNest(nest, out, i) {
        """"""""

    }""""""""
</script>
```

上述代码将生成下面的输出结果：

```
d3.min => 2
d3.max => 15
d3.extent => 2,15
d3.sum => 66
d3.median => 7
d3.mean => 7.333333333333333
array.sort(d3.ascending) => 2,3,4,6,7,8,10,11,15
array.sort(d3.descending) => 15,11,10,8,7,6,4,3,2
d3.quantile(array.sort(d3.ascending), 0.25) => 4
d3.deviation(array) => 4.18
d3.bisect(array.sort(d3.ascending), 6) => 4

tab
  100
    {quantity: 2, total: 190, tip: 100, type: tab, }
    {quantity: 2, total: 190, tip: 100, type: tab, }
```

```
    0
      {quantity: 2, total: 90, tip: 0, type: tab, }
      {quantity: 2, total: 90, tip: 0, type: tab, }
      {quantity: 2, total: 90, tip: 0, type: tab, }
      {quantity: 2, total: 90, tip: 0, type: tab, }
      {quantity: 2, total: 90, tip: 0, type: tab, }
      {quantity: 2, total: 90, tip: 0, type: tab, }
visa
  200
      {quantity: 1, total: 300, tip: 200, type: visa, }
  100
      {quantity: 1, total: 200, tip: 100, type: visa, }
cash, }
  0
      {quantity: 1, total: 100, tip: 0, type: cash, }
      {quantity: 2, total: 200, tip: 0, type: cash, }
```

3.5.3　工作原理

D3 提供了许多函数来帮助处理数组，其中大部分函数都非常直观和简单，但是也有一些函数并不常见。我们将在本节对它们进行简要地讨论。

假定我们有数组[3, 2, 11, 7, 6, 4, 10, 8, 15]，下面是针对数组的相关函数。

- d3.min：该函数返回最小的元素。本例中其返回值为 2。
- d3.max：该函数返回最大的元素。本例中其返回值为 15。
- d3.extent：该函数同时返回最大和最小的元素，本例中其返回值为[2, 15]。
- d3.sum：该函数返回所有元素的和，本例中其返回值为 66。
- d3.median：该函数返回中位数，本例中其返回值为 7。
- d3.mean：该函数返回数组的平均值，本例中其返回值为 7.33。
- d3.ascending/d3.descending：我们可以使用 D3 提供的内置比较函数对 JavaScript 数组的值进行排序。

  ```
  d3.ascending = function(a, b) { return a < b ? -1 : a >b ? 1 : 0; }
  d3.descending = function(a, b) { return b < a ? -1 : b> a ? 1 : 0; }
  ```

- d3.quantile: 这个函数计算排序数组的分位数（分位数是一个概率论的概念，给定 $0<p<1$，随机变量 X 上的 p 分位数指同时满足 $P\{X\leqslant x\}\geqslant 1-p$ 和 $P\{X\geqslant x\}$

≥ *p*）两个条件的数。本例中，数组的 0.25 分位数为 4。

- d3.bisect：该函数返回排序数组的一个插入点，其中这个插入点左边的元素都小于或者等于指定的元素，右边的元素都大于指定的元素。本例中 bisect(array, 6)的返回值为 4。
- d3.nest：该函数可以将一维数组结构的数据转换为树状嵌套结构的数据。这种转换可能特别适用于某种可视化场合。如需对此函数进行配置，则需在 nest 函数后级联调用 key 函数。可参见如下代码中的第 A 行和第 B 行。

```
var nest = d3.nest()
        .key(function (d) { // <- A
            return d.type;
        })
        .key(function (d) { // <- B
            return d.tip;
        })
        .entries(records); // <- C
```

- 我们可以使用多个 key 函数创建多层次的嵌套。在本例中，共有两层嵌套：第一层是使用 type 属性的值，第二层是使用 tip 的值。输出如下：

```
tab
  100
   {quantity: 2, total: 190, tip: 100, type: tab, }
   {quantity: 2, total: 190, tip: 100, type: tab, }
```

- 最后，我们在第 C 行调用了 entries 函数，这样即可提供基于扁平数组 (flat array) 的数据。

3.6　数据的过滤

有时需要根据用户的输入，通过 D3 选集中各个元素关联的数据来决定对其中的一些图形进行显示或者隐藏。这种数据驱动的场景可以通过 D3 选集提供的 filter 函数来实现。在本例中，我们将展示如何使用数据驱动的方式对图形元素进行过滤。

3.6.1　准备工作

在浏览器中打开如下文件的本地副本：

https://github.com/NickQiZhu/d3-cookbook-v2/blob/master/src/chapter3/data-filter.html。

3.6.2　开始编程

在这个例子中，我们将展示如何根据用户选定的类型，将图表中相应的图形显示为高亮状态。

```
<script type="text/javascript">
    var data = [ // <-A
        {expense: 10, category: "Retail"},
        {expense: 15, category: "Gas"},
        {expense: 30, category: "Retail"},
        {expense: 50, category: "Dining"},
        {expense: 80, category: "Gas"},
        {expense: 65, category: "Retail"},
        {expense: 55, category: "Gas"},
        {expense: 30, category: "Dining"},
        {expense: 20, category: "Retail"},
        {expense: 10, category: "Dining"},
        {expense: 8, category: "Gas"}
    ];
    function render(data, category) {
        var bars = d3.select("body").selectAll("div.h-bar") // <-B
                .data(data);
        // Enter
        bars.enter()
            .append("div") // <-C
                .attr("class", "h-bar")
                .style("width", function (d) {
                    return (d.expense * 5) + "px";}
                )
                .append("span") // <-D
                .text(function (d) {
                    return d.category;
                });
        // Update
        d3.selectAll("div.h-bar").attr("class", "h-bar");
        // Filter
        bars.filter(function (d, i) { // <-E
                return d.category == category;
            })
```

```
            .classed("selected", true);
    }
    render(data);
    function select(category) {
        render(data, category);
    }
</script>

<div class="control-group">
    <button onclick="select('Retail')">
        Retail
    </button>
    <button onclick="select('Gas')">
        Gas
    </button>
    <button onclick="select('Dining')">
        Dining
    </button>
    <button onclick="select()">
        Clear
    </button>
</div>
```

单击 Dinning 按钮后，上述代码将产生图 3-10 所示的图形效果。

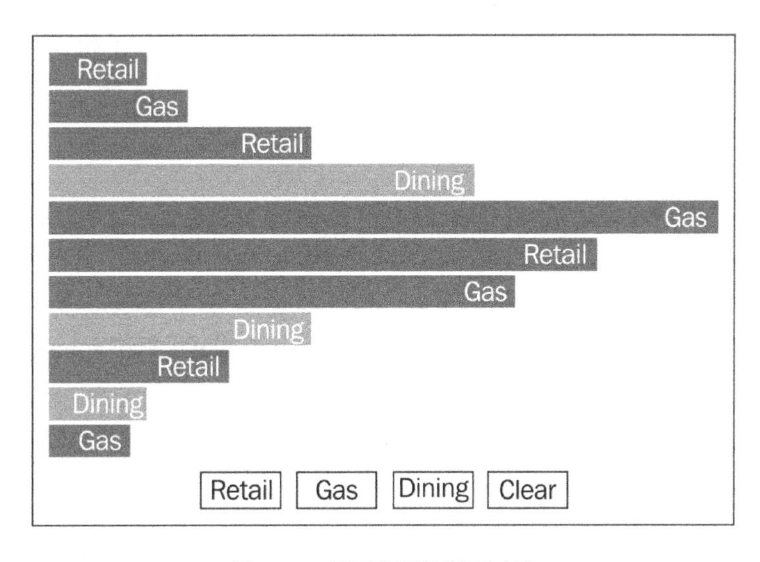

图 3-10　基于数据的图形过滤

3.6.3 工作原理

在本例中，数据是由一些个人消费数据构成的，每一个数据都有消费金额以及消费种类两个属性（参见第 A 行）。在第 B、C 以及 D 行，我们使用标准的“进入—更新—退出”模式，根据这些消费数据绘制了一个水平条形图（其中每一个条形都是一个 HTML 的 div 元素）。到目前为止，所有的代码都与之前将 JavaScript 对象绑定为数据的例子类似。现在我们来看第 E 行。

```
bars.filter(function (d, i) { // <-E
    return d.category == category;
}).classed("selected", true);
```

D3 的 selection.filter()使用一个函数作为其参数。它将当前选集中的每一个元素作为参数来调用这个函数。这个作为 filter 参数的函数拥有两个参数和一个隐含的引用。

- d：与当前图形元素关联的数据。
- i：从 0 开始的下标，用以标识当前的图形元素。
- this：这是一个隐含的引用，代表了当前图形的 DOM 元素。

作为 selection.filter()参数的函数需要返回一个布尔值。如果这个函数返回的值是 true，那么相应的图形元素会包含在 filter 函数新生成的选集中。在本例中，filter 函数生成的新的选集包含了所有与用户选定类型一致的图形。我们为这些图形添加了相应的 CSS 类型使其以高亮的方式进行显示。使用这种方法，可以方便地过滤并生成子图形选集，同时在新生成的选集上进行额外的操作以增强视觉效果。

D3 提供的 selection.filter 函数将使用 JavaScript 的真值验证方式对待参数函数的返回值。因此这个返回值并不严格限定为布尔类型，即 false、null、0、""、undefined 以及 NaN（非数字）都会当作 false，而其他值则视为 true。

3.7 基于数据的图形排序

在很多情况下，为了将数据的差异可视化，我们希望依照关联的数据对图形元素进行排序。在本例中，我们将展示如何用 D3 实现这个功能。

3.7.1 准备工作

在浏览器中打开如下文件的本地副本：

https://github.com/NickQiZhu/d3-cookbook-v2/blob/master/src/chapter3/data-sort.html。

3.7.2 开始编程

现在让我们看看如何用 D3 实现基于数据驱动的排序以及其他操作。在本例中，我们根据用户的输入，对先前创建的条形图按消费金额或者类别进行排序。

```
<script type="text/javascript">
    var data = [ // <-A
        {expense: 10, category: "Retail"},
        {expense: 15, category: "Gas"},
        {expense: 30, category: "Retail"},
        {expense: 50, category: "Dining"},
        {expense: 80, category: "Gas"},
        {expense: 65, category: "Retail"},
        {expense: 55, category: "Gas"},
        {expense: 30, category: "Dining"},
        {expense: 20, category: "Retail"},
        {expense: 10, category: "Dining"},
        {expense: 8, category: "Gas"}
    ];
    function render(data, comparator) {
        var bars = d3.select("body").selectAll("div.h-bar") // <-B
                .data(data);
        // Enter
        bars.enter().append("div") // <-C
                .attr("class", "h-bar")
                .append("span");
        // Update
        d3.selectAll("div.h-bar") // <-D
                .style("width", function (d) {
                    return (d.expense * 5) + "px";
                })
                .select("span")
                .text(function (d) {
                    return d.category;
                });
```

```
        // Sort
        if(comparator)
            bars.sort(comparator); // <-E
    }
    var compareByExpense = function (a, b) { // <-F
        return a.expense < b.expense?-1:1;
    };
    var compareByCategory = function (a, b) { // <-G
        return a.category < b.category?-1:1;
};
    render(data);
    function sort(comparator) {
        render(data, comparator);
    }
</script>

<div class="control-group">
    <button onclick="sort(compareByExpense)">
        Sort by Expense
    </button>
    <button onclick="sort(compareByCategory)">
        Sort by Category
    </button>
    <button onclick="sort()">
        Reset
    </button>
</div>
```

上述代码将生成排序后的水平条形图，具体如图 3-11 所示。

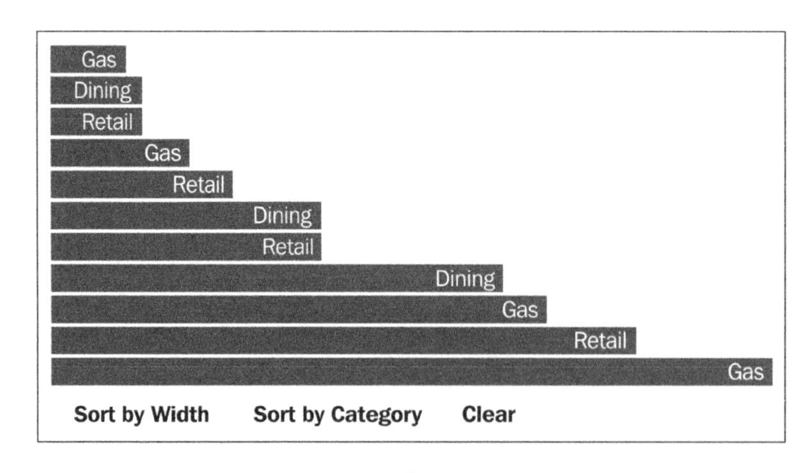

图 3-11　基于数据的图形排序

3.7.3　工作原理

本例中，我们将在第 B、C 和 D 行通过一些个人消费数据建立一个条形图。其中第 A 行定义的每一个数据记录包含消费金额和类型两个属性。这与之前将对象字面量绑定为数据的例子是一模一样的，其中使用的技巧就是将 JavaScrip 对象绑定为数据。在这些基本工作完成之后，在第 E 行选中了所有的条形，并使用 D3 的 selection.sort 函数对其进行排序：

```
// Sort
if(comparator)
    bars.sort(comparator); // <-E
```

seletion.sort 函数的参数是一个比较函数：

```
var compareByExpense = function (a, b) { // <-F
    return a.expense < b.expense?-1:1;
};
var compareByCategory = function (a, b) { // <-G
    return a.category < b.category?-1:1;
};
```

这个比较函数的两个参数 a 和 b 代表两个需要进行比较的数据。这个函数根据比较结果分别返回负数、正数或者零。如果返回负数，则 a 将排列在 b 之前；如果返回正数，则 a 将排在 b 之后；否则 a 和 b 是相等的，其顺序将随机确定。sort()函数会返回一个新的选集，其中所有元素都已经按照提供的比较函数进行了相应的排序。这样，我们可以进一步处理这个选集，从而得到希望的可视化效果。

如果 a 和 b 相等，则其顺序并不确定，因此 D3 的 selection.sort 并不保证会产生稳定的结果。但是对于同一个浏览器来说，其产生的结果将与浏览器内置的数组排序的结果一致。

3.8　从服务器加载数据

仅将本地的静态数据可视化是远远不够的。实际上，将远程服务器端生成的数据动态地进行可视化才能够体现数据可视化的威力。因此，D3 提供了一些非常易用的函数以帮助我们简化这些任务。在本例中，我们介绍如何动态地从服务器加载数据，并在数据加载完成之后，使用这些数据来更新可视化效果。

3.8.1 准备工作

在浏览器中打开如下文件的本地副本：

https://github.com/NickQiZhu/d3-cookbook-v2/blob/master/src/chapter3/asyn-dataload.html。

3.8.2 开始编程

在 asyn-data-load.html 文件的示例代码中，我们将根据用户的要求从服务器动态地加载数据。数据一旦加载，就根据它们更新可视化效果，来反映数据的最新变动情况。相应的代码如下所示：

```
<div id="chart"></div>

<script type="text/javascript">
    function render(data) {
        var bars = d3.select("#chart").selectAll("div.h-bar") // <-A
                .data(data);
        bars.enter().append("div") // <-B
            .attr("class", "h-bar")
                .style("width", function (d) {
                    return (d.expense * 5) + "px";
                })
            .append("span")
                .text(function (d) {
                    return d.category;
                });
    }
    function load(){ // <-C
        d3.json("data.json", function(error, json){ // <-D
            render(json);
        });
    }
</script>

<div class="control-group">
    <button onclick="load()">Load Data from JSON feed</button>
</div>
```

服务器端的 data.json 文件中包含类似以下形式的数据：

```
[
  {"expense": 15, "category": "Retail"},
  {"expense": 18, "category": "Gas"},
  ...
  {"expense": 15, "category": "Gas"}
]
```

当我们单击 Load Data from JSON feed 按钮之后，将生成图 3-12 所示的图形效果。

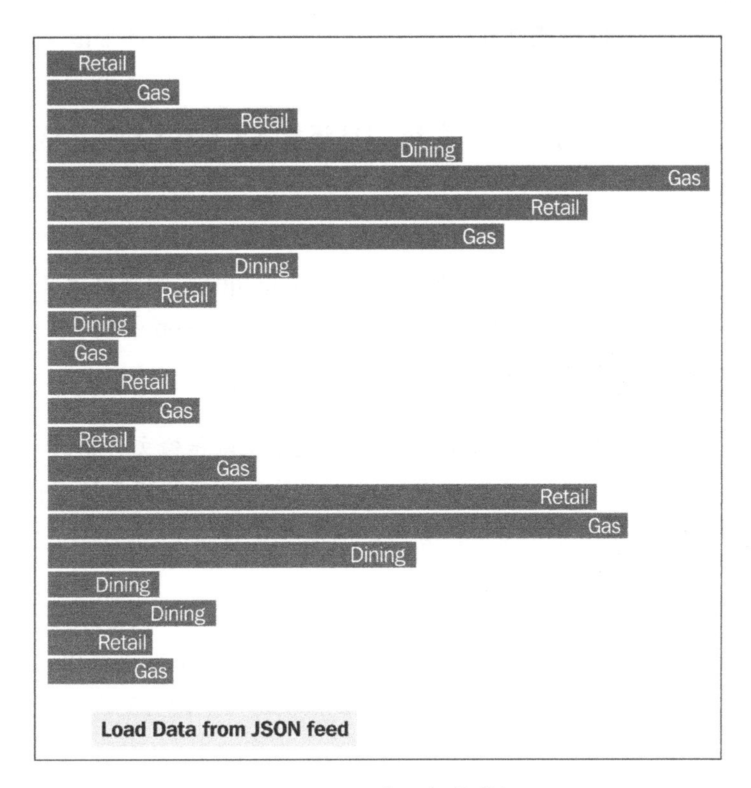

图 3-12 从服务器加载数据

3.8.3 工作原理

在本例中，我们创建了一个水平条形图，这与前面两个示例非常相似。在第 C 行，定义了一个 load 函数，它的作用是当用户单击 Load Data from JSON feed 按钮时给予响应：加载服务器请求的 data.json 文件中的数据。这个工作是由第 F 行中的 d3.json 函数来完成的，具体代码如下所示：

```
function load(){ // <-C
    d3.json("data.json", function(error, json){ // <-D
        render(json);
    });
}
```

从服务器加载 JSON 文件可能会需要一些时间，因此这个操作是异步的。该操作完成之后，下载的数据将作为参数传递给指定的回调函数（参见第 D 行）。在这个回调函数中，我们简单地将下载到的数据传递给 render 函数，从而将更新后的图形渲染出来。

除了 d3.json 函数之外，D3 还提供了加载 CSV、TSV、TXT、HTML 以及 XML 格式数据所需的函数。

如果上述函数仍然不能满足要求，则可以使用 d3.request 函数自定义请求的数据类型（MIME type）以及头部信息（request headers）。实际上，d3.json 函数和 d3.csv 函数都是通过 d3.request 生成实际的 HTTP 请求的。

MIME 媒体类型用来表示通过互联网传输文件格式的标识符，它由两部分组成。常见的注册顶级类型有：应用程序、文本、音频、图像和视频。

当然，以上方法并非是从服务器加载数据的唯一方式。D3 并没有规定应当如何从服务器加载数据。因此，我们也可以用其他常见的 JavaScript 库来执行相应的操作。例如，jQuery 和 Zepto.js 都有通过 Ajax 的方式从服务器加载远程数据的能力。

3.9 利用队列异步加载数据

在本例中，我们将展示另一种非常有用的技术，这种技术常在大型数据可视化项目中处理或生成数据。对于复杂的可视化项目来说，在进行可视化之前，通常首先需要加载和合并来自不同地点的多个数据集。这种异步加载的难点在于，需要知道什么时候所有数据集才能加载成功，因为这时可视化就可以开始了。实际上，D3 提供了非常方便的队列接口来帮助组织和协调这类异步任务，这也正是本例要说明的重点。

3.9.1 准备工作

在浏览器中打开如下文件的本地副本：

https://github.com/NickQiZhu/d3-cookbook-v2/blob/master/src/chapter3/queue.html。

3.9.2 开始编程

在文件名为 queue.html 的示例代码中，我们将模拟如何通过 setTimeout 函数来加载和合并多个数据点。setTimeout 函数的作用是在给定的延迟时间之后执行给定的函数，在我们的例子中，将延迟设置为 500ms。

```
<div id="chart"></div>

<script type="text/javascript">
    function render(data) {
        var bars = d3.select("#chart").selectAll("div.h-bar") // <-B
                .data(data);
        bars.enter().append("div") // <-C
                .attr("class", "h-bar")
                .style("width", function (d) {
                    return (d.number) + "px";
                })
                .append("span")
                .text(function (d) {
                    return d.number;
                });
    }
    function generateDatum(callback) {
        setInterval(function(){
            callback(null, {number: Math.ceil(Math.random() * 500)}); // <-D
        }, 500);
    }
    function load() { // <-E
        var q = d3.queue(); // <-F
        for (var i = 0; i < 10; i++)
            q.defer(generateDatum); // <-G
        q.awaitAll(function (error, data) { // <-H
            render(data); // <- I
        });
    }
```

```
</script>

<div class="control-group">
    <button onclick="load()">Generate Data Set</button>
</div>
```

上面的代码将在单击“Generate Data Set”按钮后生成图 3-13 所示的图形。

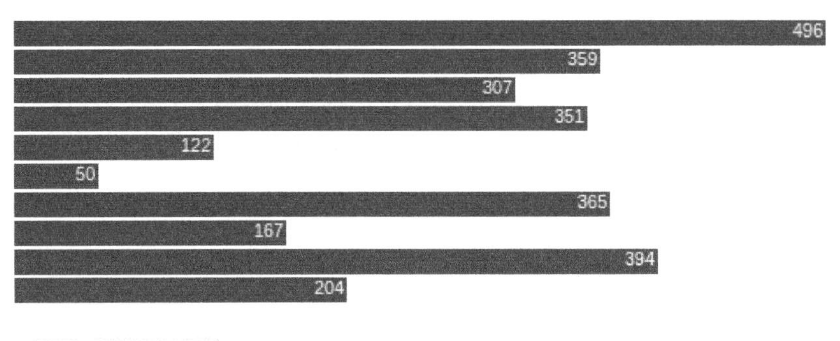

图 3-13 利用 D3 队列生成异步数据

3.9.3 工作原理

在本例中，我们通过标准的“进入—更新—退出”模式，利用标准的 render 函数来生成一个水平条形图，具体见第 B 和 C 行。迄今为止，大家对这个模式已经非常熟悉了。但是，本示例代码的数据生成部分，也是本例的重点，却有点与众不同。在第 D 行，我们使用了一个简单的随机数生成函数，该函数名为 generateDatum(callback)，它只有一个参数，即 callback。它是 D3 队列接口中任务函数的标准模板，具体如下面的代码所示。

```
function generateDatum(callback) {
        setInterval(function(){
            callback(null, {number: Math.ceil(Math.random() * 500)}); // <-D
        }, 500);
}
```

在这个函数中，我们使用 setInterval 函数来模拟生成异步数据，其延迟为 500ms。每个任务函数都可以在其函数体中执行任意逻辑和计算，例如异步加载数据或计算结果。但是，一旦完成任务，就必须调用回调函数来通知队列它已经完成了任务，并返回结果，如第 D 行所示。回调函数有 error 和 result 两个参数；在本例中，我们将 null 作为错误信号进行传递，因为它已经成功地完成了对第二个参数中随机数的处理。在第 E 行，我们定义了 load 函数，利用 d3.queue 执行任务。下面，我们仔细看看 load 函数的代码。

```
function load() { // <-E
    var q = d3.queue(); // <-F
    for (var i = 0; i < 10; i++)
        q.defer(generateDatum); // <-G
        q.awaitAll(function (error, data) { // <-H
        render(data); // <- I
    });
}
```

D3 队列可以使用 d3.queue 函数进行实例化，如第 F 行所示。一旦创建好，它就可以使用 defer 函数注册任意数量的任务，如第 G 行所示。在本例中，我们使用 for 循环在队列中注册 10 个异步随机数据生成任务，具体如第 G 行所示。

与 Web Worker 不同，D3 队列本身不支持多线程。也就是说，所有任务都是同步处理的。但是，就像本例所展示的那样，任务函数是可以执行异步任务的，并且通常会设计为执行异步任务。

第 H 行中的 d3.queue.awaitAll 函数用于等待所有任务执行完成。传递给 awaitAll 函数的这个回调函数只会调用一次，并且是在所有任务完成或发生错误（仅捕获第一个错误并传递给该回调函数）时调用。在我们的例子中，必须等到所有 10 个随机数据点都生成之后，才会调用第 I 行的 render 函数来显示相应的图形。

d3.queue 函数还需要一个参数来规定同时执行任务数量的最大值。如果没有提供该参数，那么它就不会限制同时执行的任务数量。

在本章中，我们介绍了使用 D3 绑定数据和图形以及使其保持同步的基础知识。除此之外，还探讨了有关数据加载和操作的各种主题。在下一章中，我们将为读者介绍 D3 的另一个基础概念——尺度。尺度能够进一步展现 D3 的其他高级特性，例如动画和形状生成器等。

第4章 张弛有“度”

本章涵盖以下内容：

- 使用连续尺度
- 使用时间尺度
- 使用有序尺度
- 字符串插值
- 颜色插值
- 复合对象插值

4.1 简介

作为数据可视化开发者，我们总是在反复做一个非常关键的事情：将数值从数据领域映射到图形领域。例如，将最近一次453美元的采购映射为一个653像素的长条；又如，将昨晚23.59美元的酒吧账单映射为一个34像素的长条。从某种程度上讲，这就是数据可视化的所有内容——将数据高效、准确地映射为图形。因为这是数据可视化及动画展示（在第6章，我们将对动画进行详细介绍）中必不可少的一项内容，所以D3对此提供了大量健壮的支持，而这也正是本章要重点介绍的内容。

什么是尺度

D3提供多种称为scale的结构来支持从数据模型到可视化模型的映射。正确理解这些概念非常重要，因为尺度不仅用于前面提到的映射，而且也是 D3 中其他组件的基础，例如过渡（transition）和坐标轴（axes）。

尺度到底是什么呢？简单来说，尺度可以视为数学函数。数学函数与命令式编程语言中的函数（例如 JavaScript 中的函数）是不同的。在数学中，函数是两个集合之间的映射。

> 假设 *A* 和 *B* 为两个非空集合。函数 *f* 是 *A* 到 *B* 的一个映射，使得集合 *A* 中的任何一个元素在集合 *B* 中都有唯一的元素与它对应。当元素 *b* 是集合 *A* 中的元素 *a* 通过函数 *f* 映射到集合 *B* 中的唯一元素时，记作 $f(a)=b$。
>
> ——K. H. Rosen（2007 年）

虽然这个定义很枯燥，但是不得不承认它很好地描述了将各个元素从数据映射至图形领域的过程。

另外两个非常重要的基本概念分别是函数的定义域和值域。

> 如果 *f* 是一个从集合 *A* 到集合 *B* 的函数，我们说集合 *A* 是 *f* 的定义域，集合 *B* 是 *f* 的值域。如果 $f(a)=b$，则我们称 *b* 为 *a* 的像，*a* 是 *b* 的原像。函数 *f* 的值域或者像，是集合 *A* 中所有元素的像的集合。如果 *f* 是一个 *A* 到 *B* 的函数，那么我们称 *f* 为 *A* 到 *B* 的一个映射。
>
> ——K. H. Rosen（2007 年）

为了更好地理解这些概念，可以参照图 4-1。

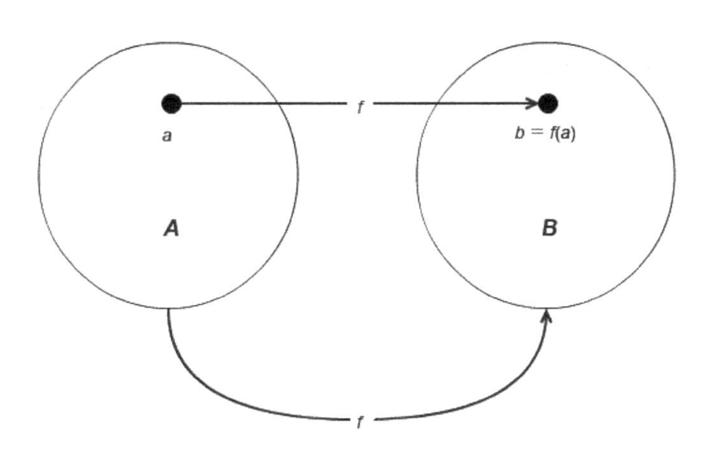

图 4-1　函数 *f* 为 *A* 到 *B* 的映射

从图 4-1 中可见，对于函数 *f*，集合 *A* 是它的定义域，集合 *B* 是它的值域。试想，如果 *A* 代表数据域，*B* 代表图形域，那么函数 *f* 就是 D3 中将集合 *A* 映射到集合 *B* 的一个尺度。

对于数学基础较好的读者来说，尺度函数通常是单射函数，而不是满射函数。这对理解本书是很有益的。但是这并不是本书的重点，因此我们将不再进行深入介绍。

现在，我们知道了尺度函数的概念，接下来就看看它是如何在可视化项目的开发中发挥作用的。

4.2 使用连续尺度

我们将在本例中介绍一些在 D3 中最常用的尺度——连续尺度。连续尺度能够把一个连续的定义域映射到一个连续的值域，它包括线性尺度、幂级尺度、对数尺度和时间尺度。

4.2.1 准备工作

在浏览器中打开如下文件的本地副本：

https://github.com/NickQiZhu/d3-cookbook-v2/blob/master/src/chapter4/continuous-scales.html。

4.2.2 开始编程

让我们一起看看下面的示例代码：

```
<div id="linear" class="clear"><span>n</span></div>
<div id="linear-capped" class="clear">
    <span>1 &lt;= a*n + b &lt;= 20</span>
</div>
<div id="pow" class="clear"><span>n^2</span></div>
<div id="pow-capped" class="clear">
    <span>1 &lt;= a*n^2 + b &lt;= 10</span>
</div>
<div id="log" class="clear"><span>log(n)</span></div>
<div id="log-capped" class="clear">
    <span>1 &lt;= a*log(n) + b &lt;= 10</span>
</div>

<script type="text/javascript">
    var max = 11, data = [];
```

```
    for (var i = 1; i < max; ++i) data.push(i);

    var linear = d3.scaleLinear() // <-A
        .domain([1, 10]) // <-B
        .range([1, 10]); // <-C
    var linearCapped = d3.scaleLinear()
        .domain([1, 10])
        .range([1, 20]); // <-D
    var pow = d3.scalePow().exponent(2); // <-E
    var powCapped = d3.scalePow() // <-F
        .exponent(2)
        .domain([1, 10])
        .rangeRound([1, 10]); // <-G
    var log = d3.scaleLog(); // <-H
    var logCapped = d3.scaleLog() // <-I
        .domain([1, 10])
        .rangeRound([1, 10]);

    function render(data, scale, selector) {
        d3.select(selector).selectAll("div")
                    .data(data)
                .enter()
                .append("div")
                    .classed("cell", true)
                    .style("display", "inline-block")
                    .text(function (d) {
                        return d3.format(".2")(scale(d), 2);
                    });
    }

    render(data, linear, "#linear");
    render(data, linearCapped, "#linear-capped");
    render(data, pow, "#pow");
    render(data, powCapped, "#pow-capped");
    render(data, log, "#log");
    render(data, logCapped, "#log-capped");
</script>
```

上述代码的效果如图 4-2 所示。

1	2	3	4	5	6	7	8	9	10	n
1	3.11	5.22	7.33	9.44	11.56	13.67	15.78	17.89	20	1 <= a*n + b <= 20
1	4	9	16	25	36	49	64	81	100	n^2
1	1	2	2	3	4	5	7	8	10	1 <= a*n^2 + b <= 10
0	0.3	0.48	0.6	0.7	0.78	0.85	0.9	0.95	1	log(n)
1	4	5	6	7	8	9	9	10	10	1 <= a*log(n) + b <= 10

图 4-2　数值尺度的输出

4.2.3　工作原理

本例演示了 D3 中常用的一些尺度。

线性尺度

在上面的示例代码中，我们创建了一个从 0 到 10 的整数数组，如第 A 行中的 for 循环所示。我们通过调用 d3.scale.linear()函数，创建了一个默认定义域为[0,1]、值域为[0,1]的线性尺度。由于默认的 scale 函数就是一个恒等函数，所以它对我们来说不是那么有用。通常需要自定义它的定义域和值域，如第 B 和 C 行所示。在这里，我们将定义域和值域都设置为[1,10]。这个尺度实际上就是定义了函数 $f(n)=n$，具体代码如下所示：

```
var linear = d3.scaleLinear() // <-A
    .domain([1, 10]) // <-B
    .range([1, 10]); // <-C
```

图 4-3 所示为恒等尺度示意。

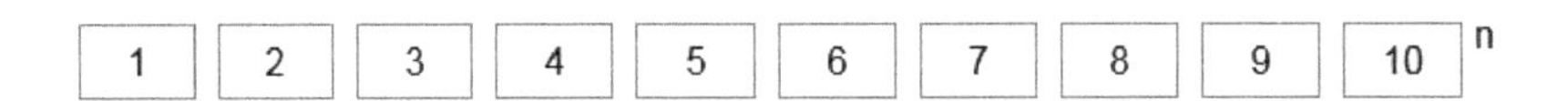

图 4-3　恒等尺度

第二个线性尺度比第一个有意思些，它更好地诠释了两个集合之间的映射关系。在第 D 行，我们定义了一个与定义域不同的值域[1,20]。因此，现在可以用如下两个公式来描述这个函数：

- $f(n) = a * n + b$
- $1 \leqslant f(n) \leqslant 20$

这种尺度是 D3 尺度中最为常用的一种，通过它可以实现图形集合和数据集合的一一对应。

```
var linearCapped = d3.scaleLinear()
    .domain([1, 10])
    .range([1, 20]); // <-D
```

图 4-4 所示为线性尺度示意。

1 3.11 5.22 7.33 9.44 11.56 13.67 15.78 17.89 20 1 <= a*n + b <= 20

图 4-4 线性尺度

对于第二种尺度，D3 会自动计算 *a* 和 *b* 的值并赋值，以满足上面的公式。

只需一些基本的代数计算，就可以得到上式中 *a* 的值约为 2.11，*b* 的值为−1.11。

幂级尺度

我们创建的第二种尺度是幂级尺度。在第 E 行，定义了一个指数为 2 的幂级尺度。

d3.scale.pow()函数会返回一个指数为 1 的默认幂级尺度。第 E 行所定义的尺度可以用函数 $f(n)=n$^2 来表示。

```
var pow = d3.scalePow().exponent(2); // <-E
```

图 4-5 所示为简单的幂级尺度示意。

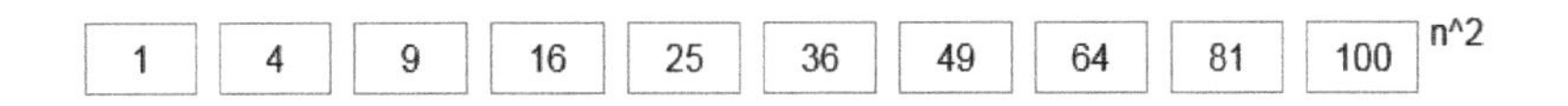

图 4-5 简单的幂级尺度

我们在第 F 行创建了第二个幂级尺度，并在第 G 行进行舍入取整来设置它的值域。rangeRound()函数与 range()函数的作用基本一致，都是用来设置尺度的值域的。但是，rangeRound()函数会将输出的数字进行舍入取整，因此得到的数值并不包含小数部分。这一点在将图形域映射到数据域时非常有用，这种尺度函数的返回值更适于描述图形特征，例如代表像素的数值。使用没有小数部分的像素值能够更好地避免渲染时的模糊化。

第二个幂级尺度定义了如下所示的一个函数：

$f(n) = a*n\hat{}2 + b, 1 \leqslant f(n) \leqslant 10$

```
var powCapped = d3.scalePow() // <-F
    .exponent(2)
    .domain([1, 10])
    .rangeRound([1, 10]); // <-G
```

图 4-6 所示为幂级尺度示意。

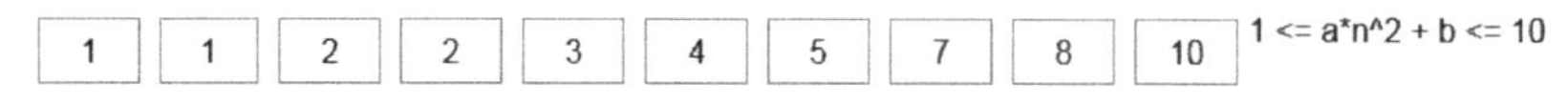

图 4-6　幂级尺度

与线性尺度类似，D3 也会根据幂级尺度中定义域和值域的定义，找到满足约束的 a 和 b。

对数尺度

在第 H 行，我们使用 d3.scale.log()函数创建了第 3 种尺度。默认的对数尺度以 10 为底数，因此，与第 H 行对应的数学函数为 $f(n)=\log(n)$，代码如下所示：

```
var log = d3.scale.log(); // <-H
```

图 4-7 所示为简单对数尺度示意。

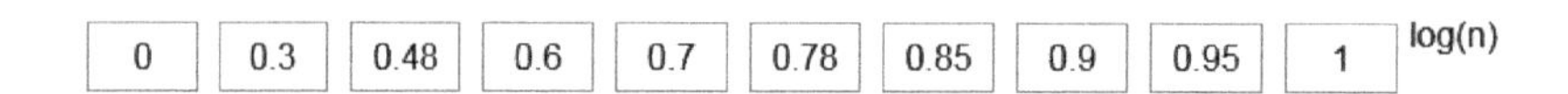

图 4-7　简单对数尺度

在第 I 行，我们自定义了一个以[1,10]为定义域、舍入取整后以[1,10]为值域的对数尺度，这个尺度可以用函数 $f(n)=a*\log(n)+b(1 \leqslant f(n) \leqslant 10)$来表示。

```
var logCapped = d3.scaleLog() // <-I
    .domain([1, 10])
    .rangeRound([1, 10]);
```

图 4-8 所示为对数尺度示意。

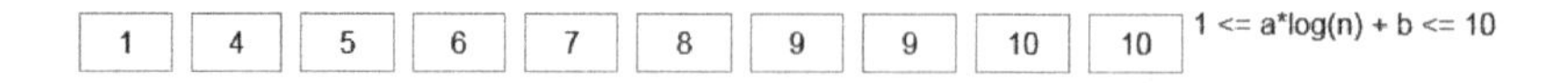

图 4-8　对数尺度

4.3　使用时间尺度

有时我们需要分析一些对时间、日期敏感的数据，因此 D3 内置了时间尺度以映射这种类型的数据。在本例中，我们将学习如何使用 D3 的时间尺度。

4.3.1　准备工作

在浏览器中打开如下文件的本地副本：

https://github.com/NickQiZhu/d3-cookbook-v2/blob/master/src/chapter4/time-scale.html。

4.3.2　开始编程

首先，让我们一起看看下面的示例代码。

```
<div id="time" class="clear">
    <span>Linear Time Progression<br></span>
    <span>Mapping [01/01/2016, 12/31/2016] to [0, 1200]<br></span>
</div>

<script type="text/javascript">
    var start = new Date(2016, 0, 1), // <-A
        end = new Date(2016, 11, 31),
        range = [0, 1200],
        time = d3.scaleTime().domain([start, end]) // <-B
            .rangeRound(range), // <-C
        max = 12,
        data = [];

    for (var i = 0; i < max; ++i){ // <-D
        var date = new Date(start.getTime());
        date.setMonth(start.getMonth() + i);
        data.push(date);
    }

    function render(data, scale, selector) { // <-E
        d3.select(selector).selectAll("div.fixed-cell")
                    .data(data)
```

```
                    .enter()
                        .append("div")
                            .classed("fixed-cell", true)
                            .style("margin-left", function(d){ // <-F
                                return scale(d) + "px";
                            })
                            .html(function (d) { // <-G
                                var format = d3.timeFormat("%x"); // <-H
                                return format(d) + "<br>" + scale(d) + "px";
                            });
    }
    render(data, time, "#time");
</script>
```

本例生成的视觉效果如图 4-9 所示。

Linear Time Progression
Mapping [01/01/2013, 12/31/2013] to [0, 900]

01/01/2013 0	02/01/2013 102	03/01/2013 195	04/01/2013 297	05/01/2013 395	06/01/2013 498	07/01/2013 597	08/01/2013 699	09/01/2013 801	10/01/2013 900	11/01/2013 1002	12/01/2013 1101

图 4-9 时间尺度

4.3.3 工作原理

在本例中，我们定义了一个从 2016 年 1 月 1 日到 2016 年 12 月 31 日的范围，见第 A 行。

```
var start = new Date(2016, 0, 1), // <-A
        end = new Date(2016, 11, 31),
        range = [0, 1200],
        time = d3.scaleTime().domain([start, end]) // <-B
            .rangeRound(range), // <-C
```

对于 JavaScript 的 Date 对象来说，其“月”是从 0 开始计数的，“天”是从 1 开始计数的，因此 new Date(2016, 0, 1)代表 2016 年 1 月 1 日，new Date(2016, 0, 0)代表 2015 年 12 月 31 日。

在第 B 行，我们利用上述范围创建了一个 D3 时间尺度。与其他连续尺度类似，时间尺度也有定义域和值域，即将与日期、时间相关的数据映射到可视化区域。在本例中，我们将尺度的值域定义为[0, 900]。这样就定义了一个映射，在这个映射中，任何介于 2016

年 1 月 1 日至 2016 年 12 月 31 日之间的数据，都会映射成 0～900 之间的一个数字。

有了这个时间尺度后，我们就可以通过调用 scale 函数，将任何日期对象映射为一个数字，例如 time(new Date(2016, 4, 1))会返回 395，而 time(new Date(2016, 11, 15))会返回 1147，等等。

在下面的代码中，我们在第 D 行创建了一个从 2013 年 1 月到 12 月的数组，具体如下所示：

```
for (var i = 0; i < max; ++i){ // <-D
    var date = new Date(start.getTime());
    date.setMonth(start.getMonth() + i);
    data.push(date);
}
```

在第 E 行，我们用 render 函数创建了 12 个单元格来分别代表一年中的 12 个月。

为了将这些单元格水平分布，我们在第 F 行使用时间尺度将数据“月”映射为 margin-left CSS 样式值。

```
.style("margin-left", function(d){ // <-F
    return scale(d) + "px";
})
```

第 G 行为每一个单元格都生成了 label 标签，并标注了该尺度对每个时间数据的转换结果。

```
.html(function (d) { // <-G
    var format = d3.timeFormat("%x"); // <-H
    return format(d) + "<br>" + scale(d) + "px";
});
```

为了将 JavaScript 的日期对象转换为可读性更高的字符串，我们在第 H 行使用了 D3 的时间格式函数（time formatter），实际上它是 d3.locale.format 函数的别名。D3 在本地格式化库中提供了一个功能强大而且非常灵活的时间格式化库，它在处理 Date 对象时非常有用。

4.3.4 更多内容

这里给出了一些在 D3.time.format 中非常有用的模式。

- %a：星期的缩写。

- %A：星期的全称。
- %b：月的缩写。
- %B：月的全称。
- %d：在本月中的天数，不足两位则用 0 补全[01,31]。
- %e：在本月中的天数，不足两位则用空格补全[1,31]。
- %H：小时，24 小时制[00,23]。
- %I：小时，12 小时制[01,12]。
- %j：在本年中的天数[001,366]。
- %m：月份[01,12]。
- %M：分钟[00,59]。
- %L：毫秒[000, 999]。
- %p：AM 或 PM。
- %S：秒[00, 60]。
- %x：日期部分，等同于“%m/%d/%Y”。
- %X：时间部分，等同于“%H:%M:%S”。
- %y：不包含纪元的年份[00,99]。
- %Y：包含纪元的 4 位数年份。

4.3.5 参考阅读

更多与 D3 时间格式模板相关的信息，可参见如下网址中内容：

- https://github.com/d3/d3-time-format/blob/master/README.md#locale_format。

4.4 使用有序尺度

在某些情况下，我们需要将数据映射为一些有序的值，例如，["a", "b", "c"]或者["#1f77b4","#ff7f0e", "#2ca02c"]。如何用 D3 尺度来进行这种映射呢？本例将会揭晓答案。

4.4.1 准备工作

在浏览器中打开如下文件的本地副本：

https://github.com/NickQiZhu/d3-cookbook-v2/blob/master/src/chapter4/ordinal-scale.html。

4.4.2 开始编程

有序映射在数据可视化中是非常常见的。例如，将一些数据分类映射为文本或者 RGB 颜色编码，以用于设定 CSS 样式。D3 提供了专门的尺度来进行这样的映射。在本例中我们将学习它的使用方法。首先，来看 ordinal.scale.html 文件中的代码。

```
<div id="alphabet" class="clear">
    <span>Ordinal Scale with Alphabet<br></span>
    <span>Mapping [1..10] to ["a".."j"]<br></span>
</div>
<div id="category10" class="clear">
    <span>Ordinal Color Scale Category 10<br></span>
    <span>Mapping [1..10] to category 10 colors<br></span>
</div>
<div id="category20" class="clear">
    <span>Ordinal Color Scale Category 20<br></span>
    <span>Mapping [1..10] to category 20 colors<br></span>
</div>
<div id="category20b" class="clear">
    <span>Ordinal Color Scale Category 20b<br></span>
    <span>Mapping [1..10] to category 20b colors<br></span>
</div>
<div id="category20c" class="clear">
    <span>Ordinal Color Scale Category 20c<br></span>
    <span>Mapping [1..10] to category 20c colors<br></span>
</div>

<script type="text/javascript">
    var max = 10, data = [];

    for (var i = 1; i <= max; ++i) data.push(i); // <-A
    var alphabet = d3.scaleOrdinal() // <-B
        .domain(data)
        .range(["a", "b", "c", "d", "e", "f", "g", "h", "i", "j"]);
    function render(data, scale, selector) { // <-C
```

```
            var cells = d3.select(selector).selectAll("div.cell")
                    .data(data);

            cells.enter()
                    .append("div")
                        .classed("cell", true)
                        .style("display", "inline-block")
                        .style("background-color", function(d){ // <-D
                            return scale(d).indexOf("#") >=0 ?
                                        scale(d) : "white";
                        })
                        .text(function (d) { // <-E
                            return scale(d);
                        });
        }

        render(data, alphabet, "#alphabet"); // <-F
    render(data, d3.scaleOrdinal(d3.schemeCategory10),
                                        "#category10");
    render(data, d3.scaleOrdinal(d3.schemeCategory20),
                                        "#category20");
    render(data, d3.scaleOrdinal(d3.schemeCategory20b),
                                        "#category20b");
    render(data, d3.scaleOrdinal(d3.schemeCategory20c),
                                        "#category20c"); // <-G
    </script>
```

上述代码的效果如图 4-10 所示。

Ordinal Scale with Alphabet
Mapping [1..10] to ["a".."j"]
a b c d e f g h i j
Ordinal Color Scale Category 10
Mapping [1..10] to category 10 colors
#1f77b4 #ff7f0e #2ca02c #d62728 #9467bd #8c564b #e377c2 #7f7f7f #bcbd22 #17becf
Ordinal Color Scale Category 20
Mapping [1..10] to category 20 colors
#1f77b4 #aec7e8 #ff7f0e #ffbb78 #2ca02c #98df8a #d62728 #ff9896 #9467bd #c5b0d5
Ordinal Color Scale Category 20b
Mapping [1..10] to category 20b colors
#393b79 #5254a3 #6b6ecf #9c9ede #637939 #8ca252 #b5cf6b #cedb9c #8c6d31 #bd9e39
Ordinal Color Scale Category 20c
Mapping [1..10] to category 20c colors
#3182bd #6baed6 #9ecae1 #c6dbef #e6550d #fd8d3c #fdae6b #fdd0a2 #31a354 #74c476

图 4-10　有序尺度

4.4.3 工作原理

在上面的示例代码中，首先在第 A 行创建了一个包含 0 到 9 的数组。

```
for (var i = 0; i < max; ++i) data.push(i); // <-A
var alphabet = d3.scaleOrdinal() // <-B
    .domain(data)
.range(["a", "b", "c", "d", "e", "f", "g", "h", "i", "j"]);
```

然后，我们在第 B 行使用 d3.scale.ordinal 函数创建了一个有序尺度。这个尺度的定义域为我们刚创建的数组，值域则为字母 a～j。

尺度定义完毕后，就可以调用 scale 函数进行数据映射。例如，alphabet(0)会返回 a，alphabet(4)会返回 e，等等。

第 C 行定义了 render 函数，该函数生成一系列 div 元素，用来代表数组中的 10 个数据值。

每一个 div 都以 scale 函数的输出作为自己的背景色。若 scale 函数的输出不是一个 RGB 颜色编码时，就以白色作为背景色。

```
.style("background-color", function(d){ // <-D
    return scale(d).indexOf("#")>=0 ? scale(d) : "white";
})
```

除此之外，我们在第 E 行将 scale 函数输出的文本显示在每一个单元格中。

```
.text(function (d) { // <-E
    return scale(d);
});
```

一切准备就绪后，从第 F 到 G 行反复调用 render 函数，用不同的有序尺度生成不同的视觉效果。在第 F 行，调用值域为字母表的尺度将产生图 4-11 所示效果。

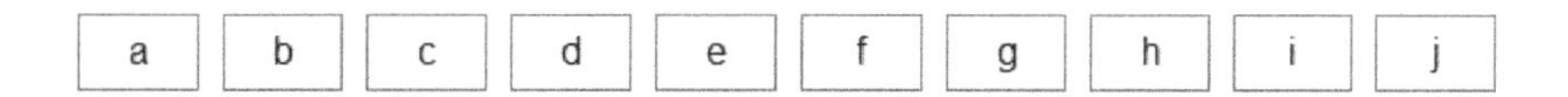

图 4-11　字母序尺度

在第 G 行，我们调用了 render 函数，并将 D3 内置的有序颜色类型方案 d3.scaleOrdinal（d3.scale.category20c）作为其参数，其效果如图 4-12 所示。

#3182bd #6baed6 #9ecae1 #c6dbef #e6550d #fd8d3c #fdae6b #fdd0a2 #31a354 #74c476

图 4-12 颜色有序尺度

在不同的图形元素上显示不同的颜色是很常见的，例如为饼图和气泡图着色。因此，D3 提供了许多内置的有序颜色尺度，如本例所示。

创建自定义的有序颜色尺度是很容易的。只需要创建一个有序尺度，并指定颜色值域即可，如下所示：

```
d3.scaleOrdinal()
.range(["#1f77b4", "#ff7f0e", "#2ca02c"]);
```

4.5 字符串插值

在某些情况下，我们需要为字符串中内嵌的数字进行插值，例如 CSS 字体样式。

在本例中，我们将介绍如何使用 D3 的尺度及字符串插值来实现上述效果。不过，在进入正题之前，让我们先来了解一点有关插值的背景知识，在后续章节中，我们将介绍插值以及 D3 是如何实现插值功能的。

4.5.1 插值器

我们在前面 3 个例子中介绍了 3 种不同的 D3 尺度，现在是更进一步探究的时候了。你可能会问“尺度是怎么根据不同的输入选取不同的输出的呢？”事实上，这个问题可以概括为：

给定函数 $f(x)$在 $x0, x1, \ldots, xn$ 处的值。现有 x'，其值在上述取值点之间。那么，求 $f(x')$近似值的过程就叫作插值。

——E. Kreyszig、H. Kreyszig 与 E. J. Norminton （2010 年）

插值不仅在尺度的实现中非常重要，对于 D3 其他核心功能的实现也不可或缺，例如，动画和布局管理功能。因而 D3 设计了一个独立、可重用的插值器，以便在实现其他功能时提供统一、一致的调用方式。我们来看一个简单的插值器代码示例。

```
var interpolate = d3.interpolateNumber(0, 100);
interpolate(0.1); // => 10
interpolate(0.99); //=> 99
```

这个简单的例子创建了一个值域为[0, 100]的 D3 数值插值器。d3.interpolateNumber 函数将返回一个 interpolate 函数，并使用这个函数对指定的数字进行插值。该函数与如下代码是等价的：

```
function interpolate(t) {
    return a * (1 - t) + b * t;
}
```

在这个函数中，*a* 代表值域的起点，*b* 代表值域的终点。传递给 interpolate()函数的参数 *t* 为取值范围为 0～1 的浮点数，它指明返回值与 *a* 的距离。

D3 提供了一系列内置的插值器。介于本书篇幅的限制，我们在接下来的例子中将仅对一些有趣的插值器进行介绍。关于简单数字插值器的讨论就到此结束。不过无论是数字插值器还是 RGB 颜色插值器，它们的基本原理都是一样的。

更多关于数字及舍入插值的信息，可查询 D3 的相关参考文档 https://github.com/d3/d3/blob/master/API.md#interpolators-d3-interpolate。

好了，在了解了插值的基本概念后，我们就来看看 D3 的字符串插值器是如何工作的吧！

4.5.2 准备工作

在浏览器中打开如下文件的本地副本：

```
https://github.com/NickQiZhu/d3-cookbook-v2/blob/master/src/chapter4/
string-interpolation.html。
```

4.5.3 开始编程

字符串插值器会查找字符串中的数字，然后使用 D3 的数字插值器对其进行插值。

```
<div id="font" class="clear">
    <span>Font Interpolation<br></span>
</div>
<script type="text/javascript">
    var max = 11, data = [];

    var sizeScale = d3.scaleLinear() // <-A
```

```
        .domain([0, max])
        .range([ // <-B
            "italic bold 12px/30px Georgia, serif",
            "italic bold 120px/180px Georgia, serif"
        ]);

for (var i = 0; i < max; ++i) data.push(i);

function render(data, scale, selector) { // <-C
    var cells = d3.select(selector).selectAll("div.cell")
            .data(data);

    cells.enter()
        .append("div")
            .classed("cell", true)
            .style("display", "inline-block")
        .append("span")
            .style("font", function(d,i){
                return scale(d); // <-D
            })
            .text(function(d,i){return i;}); // <-E
    }

    render(data, sizeScale, "#font");
</script>
```

上述代码将生成图 4-13 所示的输出结果。

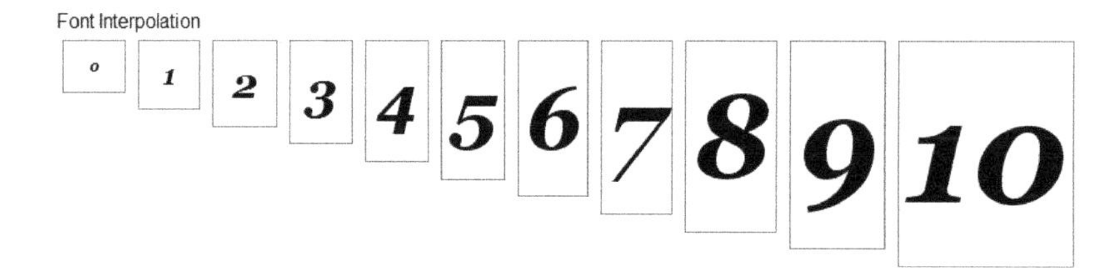

图 4-13　字符串插值

4.5.4　工作原理

在本例中，第 A 行创建了一个线性尺度，它的值域介于开始字体样式和结束字体样式之间。

```
var sizeScale = d3.scale.linear() // <-A
        .domain([0, max])
        .range([ // <-B
            "italic bold 12px/30px Georgia, serif",
            "italic bold 120px/180px Georgia, serif"
        ]);
```

正如 string-interpolation.html 中的代码所示，字体样式字符串中包含了字体的大小（即 12px/30px 和 120px/180px），这也是本例中希望进行插值的部分。看到这里，有读者可能会问：这个线性尺度函数是如何从数值域映射到任意字体 CSS 样式的呢？在默认情况下，线性尺度将使用 d3.interpolateString 函数来处理基于字符串的值域。d3.interpolateString 函数会设法找出字符串中内嵌的数字，就本例而言，它就是表示字体大小的数字，然后，只针对这些数字进行插值。因此，在本例中，我们实际上就是利用线性尺度将定义域映射为字体大小。

第 C 行的 render()函数创建了 10 个单元，然后利用第 D 行插值计算出字体样式，并将其应用到每一个单元格的编号文字（见第 E 行）上。

```
.style("font", function(d,i){
    return scale(d); // <-D
})
.text(function(d,i){return i;}); // <-E
```

我们可以看到，只需将字体样式设置为 scale（d）的输出就足够了，因为函数输出为含有变换后的嵌入数字的完整字体 CSS 样式字符串。

如果检查代码的输出结果，读者会发现输出的 CSS 样式实际上比我们使用的原始样式字符串要更长一些。具体输出如下所示：

```
font-style: italic; font-variant: normal; font-weight:
bold; font-stretch: normal; font-size:90.5455px;
line-height: 139.091px; font-family:Georgia, serif;
```

这是因为 D3 的 CSS 转换首先会解析 CSS 样式，然后使用浏览器计算得到完全符合要求的 CSS 字符串进行插值。这样做是为了避免由直接插值而引起某些不易发现的错误。

4.5.5 更多内容

虽然我们使用 CSS 的字体样式作为示例来展示 D3 的字符串插值，但是字符串插值绝不仅限于 CSS 样式的处理。它可以处理任何字符串，并且将符合下面正则表达式的部分作为数字进行插值：

```
/[-+]?(?:\d+\.?\d*|\.?\d+)(?:[eE][-+]?\d+)?/g
```

当使用插值生成字符串时，某些很小的数字在字符化过程中可能会转变为科学计数法形式，例如 1e−7。为了避免这种现象的发生，我们需要保证待转换的值要大于 1e−6。

4.6 颜色插值

颜色插值适用于那些不带有数字但本身是 RGB 或者 HSL 颜色编码的数据。在本例中，我们将主要讲述如何为颜色代码定义颜色尺度，并且对其进行插值。

4.6.1 准备工作

在浏览器中打开如下文件的本地副本：

https://github.com/NickQiZhu/d3-cookbook-v2/blob/master/src/chapter4/color-interpolation.html。

4.6.2 开始编程

颜色插值在图形编程中很常见，因而 D3 为多种颜色空间（RGB、HSL、L*a*b*、HCL 以及 Cubehelix）提供了插值支持。实际上，所有颜色插值的工作方式都是相同的，因而在本例中将仅展示如何在 RGB 颜色空间下进行颜色插值。

并不是所有的浏览器都支持 HSL 或者 L*a*b*的颜色空间，因此 D3 的颜色插值函数，无论原颜色空间是何种类型，总是返回 RGB 空间的颜色值。

代码如下所示：

```
    <div id="color" class="clear">
        <span>Linear Color Interpolation<br></span>
    </div>
    <div id="color-diverge" class="clear">
        <span>Poly-Linear Color Interpolation<br></span>
    </div>

    <script type="text/javascript">
        var max = 21, data = [];

        var colorScale = d3.scaleLinear() // <-A
            .domain([0, max])
            .range(["white", "#4169e1"]);

        var divergingScale = function(pivot) { // <-B
            return d3.scaleLinear()
                    .domain([0, pivot, max]) // <-C
                    .range(["white", "#4169e1", "white"])
        };

        for (var i = 0; i < max; ++i) data.push(i);

        function render(data, scale, selector) { // <-D
            var cells = d3.select(selector).selectAll("div.cell")
                    .data(data);

            cells.enter()
                .append("div").merge(cells)
                    .classed("cell", true)
                    .style("display", "inline-block")
                    .style("background-color", function(d){
                        return scale(d); // <-E
                    })
                    .text(function(d,i){return i;});
        }

        render(data, colorScale, "#color");
        render(data, divergingScale(5), "#color-diverge");
    </script>

    <div class="control-group clear">
        <button onclick="render(data, divergingScale(5), '#color-diverge')">
Pivot at 5</button>
```

```
        <button onclick="render(data, divergingScale(10), '#color-diverge')">
Pivot at 10</button>
        <button onclick="render(data, divergingScale(15), '#color-diverge')">
Pivot at 15</button>
        <button onclick="render(data, divergingScale(20), '#color-diverge')">
Pivot at 20</button>
    </div>
```

上述代码将生成图 4-14 所示的输出结果。

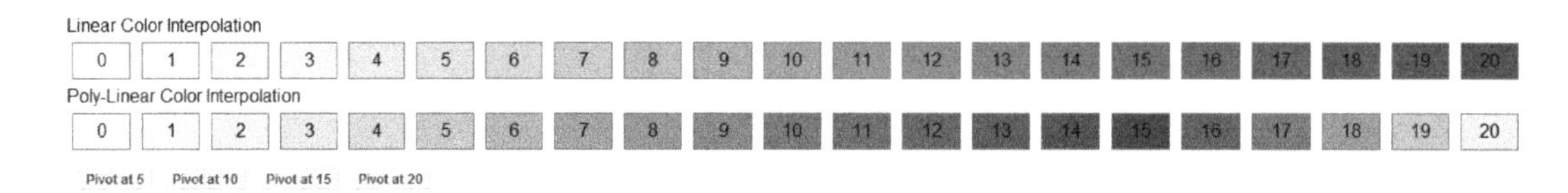

图 4-14　颜色插值

4.6.3　工作原理

本例首先定义了一个线性颜色尺度，并将它的值域设置为["white", "#4169e1"]。

```
var colorScale = d3.scaleLinear() // <-A
    .domain([0, max])
    .range(["white", "#4169e1"]);
```

正如前面提到的，D3 的颜色插值在处理颜色空间时非常智能。它像浏览器一样，不但可以识别颜色关键字，而且还可以识别十六进制的颜色值。

在第 B 行的 **divergingScale** 函数中用到了分段线性尺度，这是本例中引入的一种新技术，在之前的例子中并未提及它。

```
var divergingScale = function(pivot) { // <-B
    return d3.scaleLinear()
            .domain([0, pivot, max]) // <-C
            .range(["white", "#4169e1", "white"])
};
```

分段线性尺度是一种非均匀的线性尺度。它在一个线性尺度上提供多个线性域，正如第 C 行所示。你可以认为分段线性尺度是将两个不同的线性尺度结合在一起的。因此，本例中的分段线性颜色尺度实际上结合了以下两个线性尺度：

```
d3.scaleLinear()
    .domain([0, pivot]).range(["white", "#4169e1"]);
d3.scaleLinear()
.domain([pivot, max]).range(["#4169e1", "white "]);
```

其余的代码都是我们比较熟悉的。第 D 行的 render()函数生成了 20 个单元格，每个单元格中都显示了自己的编号，并使用先前定义的两种颜色尺度进行着色。单击页面上的按钮（例如 Pivot at 5），页面就会显示插值更新后的颜色尺度效果。

4.6.4　参考阅读

- 关于 CSS3 颜色关键字的完整列表，可访问 W3C 的官方链接 http://www.w3.org/TR/css3-color/#html4。

4.7　复合对象插值

有时，在图形程序中需要插值的数据并不是一个简单的值，而是包含多个不同值的对象，例如，一个由宽度、高度和颜色属性构成的矩形对象。幸运的是，D3 也支持这种复合对象的插值。

4.7.1　准备工作

在浏览器中打开如下文件的本地副本：

https://github.com/NickQiZhu/d3-cookbook-v2/blob/master/src/chapter4/compound-interpolation.html。

4.7.2　开始编程

在本例中，我们将演示如何使用 D3 进行复合对象的插值。compound-interpolation.html 文件的源码如下所示：

```
<div id="compound" class="clear">
    <span>Compound Interpolation<br></span>
</div>

<script type="text/javascript">
```

```
    var max = 21, data = [];
    var compoundScale = d3.scalePow()
            .exponent(2)
            .domain([0, max])
            .range([
                {color:"#add8e6", height:"15px"}, // <-A
                {color:"#4169e1", height:"150px"} // <-B
            ]);

    for (var i = 0; i < max; ++i) data.push(i);

    function render(data, scale, selector) { // <-C
        var bars = d3.select(selector).selectAll("div.v-bar")
                .data(data);
        bars.enter()
                .append("div")
                .classed("v-bar", true)
                .style("height", function(d){ // <-D
                        return scale(d).height;
                    })
                .style("background-color", function(d){ // <-E
                    return scale(d).color;
                })
                .text(function(d,i){return i;});
    }

    render(data, compoundScale, "#compound");
</script>
```

上述代码的效果如图 4-15 所示。

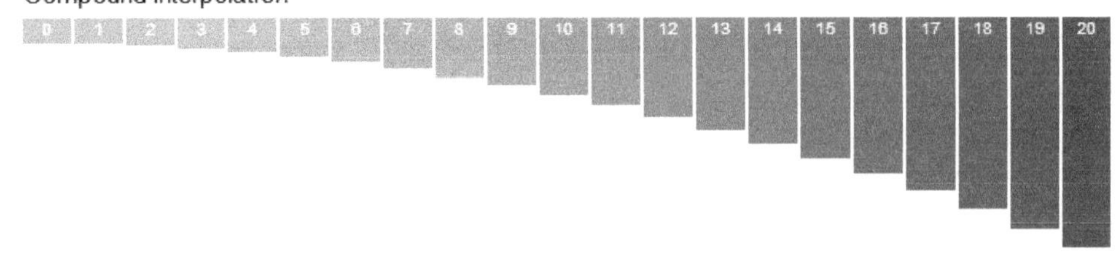

图 4-15　复合对象的插值

4.7.3 工作原理

与前几个例子不同，本例中尺度的值域是由两个对象组成的，而不是简单的基本数据类型。

```
var compoundScale = d3.scalePow()
            .exponent(2)
            .domain([0, max])
            .range([
                {color:"#add8e6", height:"15px"}, // <-A
                {color:"#4169e1", height:"150px"} // <-B
            ]);
```

从第 A 和 B 行我们可以看到，该尺度的值域是由两个不同类型的值组成的，一个是 RGB 颜色值，另一个是 CSS 高度样式。使用这种复合尺度插值时，D3 会遍历对象中的所有成员，并对每一个组成部分应用相应的插值规则。因此，换句话说，在本例中，D3 会使用从#add8e6 到#4169e1 的尺度对变量 color 进行插值，使用从 15px 到 150px 的尺度对变量 height 进行插值。

在 D3 内部，它使用 d3.interpolateObject 函数对对象进行递归插值处理，这种递归特性使 D3 甚至可以对嵌套对象进行插值。例如，可以对如下对象插值：

```
{
  color:"#add8e6",
  size{
    height:"15px",
    width: "25px"
  }
}
```

复合尺度函数在引用后将返回与给定值域相匹配的复合对象。

```
.style("height", function(d){
  return scale(d).height; // <-D
})
.style("background-color", function(d){
  return scale(d).color; // <-E
})
```

因此，在第 D 和 E 行，其返回值为复合对象，所以我们可以直接访问其返回值的相应属性以得到插值结果。

还有一种并不常见的情况。当值域的起始对象和结束对象的属性不一致时，D3 并不会报错，而是将这些不一致的属性看作常量。例如，下面这段代码的尺度函数会把所有 div 元素的高度渲染为 15px:

```
var compoundScale = d3.scalePow()
            .exponent(2)
            .domain([0, max])
                 range([
                 {color:"#add8e6", height:"15px"},
                  // <-A
                 {color:"#4169e1"} // <-B
            ]);
```

在本章中，我们介绍了 D3 的一个重要的基本概念—尺度。在下一章中，我们将接触到本书中的第一个可视化组件——坐标轴。实际上，坐标轴也是建立在刻度基础之上的。

第 5 章
玩转坐标轴

本章涵盖以下内容：

- 坐标轴基础
- 自定义刻度
- 绘制表格线
- 动态调节坐标轴尺度

5.1 简介

在刚开始的时候，D3 本身并没有内建的 Axis 组件。这种情形并没有持续太长时间，因为在很多基于笛卡儿坐标系统的可视化项目中，坐标轴是通用的构建模块，而最乏味的工作之一就是从头开始构建坐标，因此 D3 亟须提供内建的坐标轴。所幸，D3 很快就意识到这个问题并提供了坐标轴的支持，并且在发布之后不断地改进。

在本章中，我们将探索 Axis 组件的使用方法和一些相关的技术。

5.2 坐标轴基础

在本例中，我们将集中介绍 Axis 组件的基本概念、D3 提供的相应支持以及 Axis 不同的类型和特性，当然还有其 SVG 结构。

5.2.1 准备工作

在浏览器中打开如下文件的本地副本：

https://github.com/NickQiZhu/d3-cookbook-v2/blob/master/src/chapter5/basic-axes.html。

5.2.2 开始编程

下面，先看一段示例代码。

```
<div class="control-group">
    <button onclick="renderAll(d3.axisBottom)">
        horizontal bottom
    </button>
    <button onclick="renderAll(d3.axisTop)">
        horizontal top
    </button>
    <button onclick="renderAll(d3.axisLeft)">
        vertical left
    </button>
    <button onclick="renderAll(d3.axisRight)">
        vertical right
    </button>
</div>

<script type="text/javascript">
    var height = 500,
        width = 500,
        margin = 25,
        offset = 50,
        axisWidth = width - 2 * margin,
        svg;
    function createSvg(){ // <-A
        svg = d3.select("body").append("svg") // <-B
            .attr("class", "axis") // <-C
            .attr("width", width)
            .attr("height", height);
    }
    function renderAxis(fn, scale, i){
        var axis = fn() // <-D
            .scale(scale) // <-E
```

```
            .ticks(5); // <-G
        svg.append("g")
            .attr("transform", function(){ // <-H
                if([d3.axisTop, d3.axisBottom].indexOf(fn) >= 0)
                    return "translate(" + margin + "," +
                                            i * offset + ")";
                else
                    return "translate(" + i * offset + ", " +
                                            margin + ")";
            })
            .call(axis); // <-I
    }
    function renderAll(fn){
        if(svg) svg.remove();
        createSvg();
        renderAxis(fn, d3.scaleLinear()
                    .domain([0, 1000])
                    .range([0, axisWidth]), 1);
        renderAxis(fn, d3.scalePow()
                    .exponent(2)
                    .domain([0, 1000])
                    .range([0, axisWidth]), 2);
        renderAxis(fn, d3.scaleTime()
                    .domain([new Date(2016, 0, 1),
                            new Date(2017, 0, 1)])
                    .range([0, axisWidth]), 3);
    }
</script>
```

上面的代码生成的页面有 4 个按钮，单击 horizontal bottom 按钮后，会生成图 5-1 所示的坐标轴。

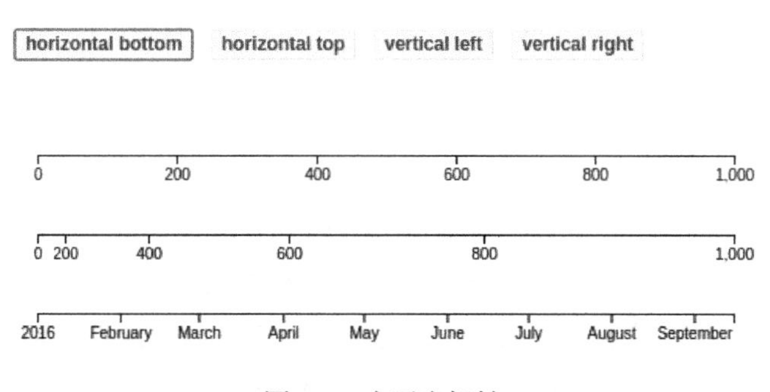

图 5-1　水平坐标轴

当单击 vertical right 按钮的时候，将生成图 5-2 所示的坐标轴。

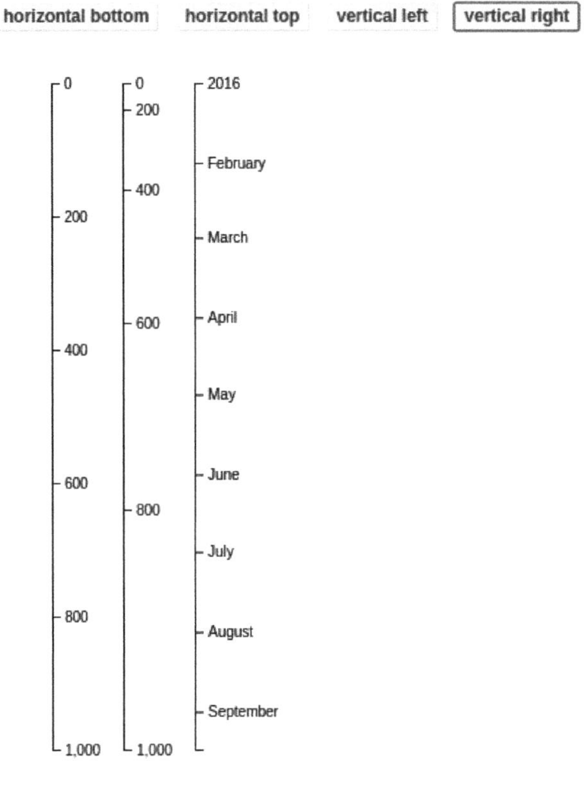

图 5-2 竖直坐标轴

5.2.3 工作原理

第一步，需要创建一个 SVG 元素，用于渲染坐标轴。我们可以使用 createSvg 函数来做这件事，从第 A 行开始定义该函数，第 B 和 C 行分别使用了 D3 的 append 和 attr 修饰符函数。

这是本书首次使用 SVG 元素代替 HTML 元素，因为 D3 中的 Axis 组件仅支持 SVG。如果对 SVG 标准不熟悉也不要紧，因为在第 7 章会有详细的讲述。由于本章也会用到一点，所以这里会对 D3 Axis 组件所涉及的 SVG 的基础概念进行相应的介绍。

让我们看看下面的代码是如何创建 SVG 画布的。

```
var height = 500,
   width = 500,
   margin = 25,
   offset = 50,
   axisWidth = width - 2 * margin,
   svg;
function createSvg(){ // <-A
      svg = d3.select("body").append("svg") // <-B
          .attr("class", "axis") // <-C
          .attr("width", width)
          .attr("height", height);
}
```

现在，可以在 SVG 画布上来渲染坐标轴了。renderAxis 函数就是来做这个事的。在第 D 行，我们先用给定的 D3 坐标轴生成函数创建一个 Axis 组件。D3 的 4.x 版本内置了 4 个坐标轴生成函数，以适应不同的朝向。朝向是告诉 D3 如何放置给定的坐标轴以及相应的渲染方式，如水平或垂直方式放置坐标轴。

对于坐标轴，D3 支持 4 个朝向，具体如下所示。

- 上：水平坐标轴，标题位于坐标轴之上。
- 下：水平坐标轴，标题位于坐标轴之下。
- 左：竖直坐标轴，标题位于坐标轴左面。
- 右：竖直坐标轴，标题位于坐标轴右面。

我们可以在以下代码片段中看到，当单击指定的按钮时，将会把相应的朝向函数传递给 renderAll 函数。

```
<div class="control-group">
    <button onclick="renderAll(d3.axisBottom)">
        horizontal bottom
    </button>
    <button onclick="renderAll(d3.axisTop)">
        horizontal top
    </button>
    <button onclick="renderAll(d3.axisLeft)">
        vertical left
    </button>
    <button onclick="renderAll(d3.axisRight)">
```

```
        vertical right
    </button>
</div>
...
function renderAxis(fn, scale, i){
        var axis = fn() // <-D
            .scale(scale) // <-E
            .ticks(5); // <-G
...
```

在 D3 中，坐标轴是通过 D3 尺度来刻画空间尺度的。在第 E 行中，scale()方法就给坐标轴提供了尺度。本例中，我们渲染了 3 种不同尺度的坐标轴，参看下面的代码：

```
d3.scaleLinear().domain([0, 1000]).range([0, axisWidth])
d3.scalePow().exponent(2).domain([0, 1000]).range([0, axisWidth])
d3.scaleTime()
  .domain([new Date(2016, 0, 1), new Date()])
  .range([0, axisWidth])
```

在第 G 行，我们把 ticks 设置成 5，它就会告诉 D3 我们希望在坐标轴上有几个刻度，不过 D3 可能会根据可用空间和它自己的计算多画几个或者少画几个。下一小节将详细讲述 ticks 的设置。

定义好 Axis 之后，最后一步就是创建一个容器元素 svg:g，渲染坐标轴所需要的全部 SVG 结构都会放在它里面。

```
svg.append("g")
  .attr("transform", function(){ // <-H
    if(["top", "bottom"].indexOf(orient) >= 0)
      return "translate(" + margin + ","+ i * offset + ")";
    else
      return "translate(" + i * offset + ", " + margin + ")";
  })
  .call(axis); // <-I
```

在这里，我们用一个 g 元素来存放与坐标轴相关的 SVG 元素，这不仅是个不错的实践方式，而且也是 D3 中 Axis 组件的要求。

这段代码中的大部分逻辑与计算相关，其中使用了 transform 属性来计算在 SVG 画布上绘制坐标轴的位置（见第 H 行）。在之前的示例代码中，我们用了 translate 来变换坐标轴的偏移量。通过这个方法，可以用参数 distance 来移动元素，而这个参数正是由 *x*、*y* 坐标来定义的。

第 7 章将讨论 SVG 变形的细节。

在该段代码中，第 I 行的代码是重点所在，我们将 Axis 对象作为参数传入 d3.selection.call 函数。d3.selection.call 会在当前选集上调用该参数（本例中是 Axis）代表的方法。换句话说，d3.selection.call 函数的参数应该满足下面的格式：

```
function foo(selection) {
  ...
}
```

d3.selection.call 函数允许向引用函数传入其他参数。

D3 的 Axis 组件调用后，会自动创建所有需要的 SVG 元素（见第 I 行）。比如，示例中的 horizontal-bottom 坐标轴，就会自动生成图 5-3 所示的复杂的 SVG 结构，根本不需要我们操心。

```
▼<g transform="translate(25,50)" fill="none" font-size="10" font-family="sans-serif" text-anchor="middle">
   <path class="domain" stroke="#000" d="M0.5,6V0.5H450.5V6"></path>
  ▼<g class="tick" opacity="1" transform="translate(0,0)">
     <line stroke="#000" y2="6" x1="0.5" x2="0.5"></line>
     <text fill="#000" y="9" x="0.5" dy="0.71em">0</text>
   </g>
  ▶<g class="tick" opacity="1" transform="translate(90,0)">…</g>
  ▶<g class="tick" opacity="1" transform="translate(180,0)">…</g>
  ▶<g class="tick" opacity="1" transform="translate(270,0)">…</g>
  ▶<g class="tick" opacity="1" transform="translate(360,0)">…</g>
  ▼<g class="tick" opacity="1" transform="translate(450,0)">
     <line stroke="#000" y2="6" x1="0.5" x2="0.5"></line>
     <text fill="#000" y="9" x="0.5" dy="0.71em">1,000</text>
   </g>
 </g>
```

图 5-3　Horizontal bottom 坐标轴的 SVG 结构

5.3　自定义刻度

在前面的例子里，我们学到了如何使用 ticks 函数。这只是 D3 坐标轴刻度定制的最简单的例子。在本例中，我们将再讲一些与 D3 坐标轴刻度定制有关的常用知识。

5.3.1 准备工作

在浏览器中打开如下文件的本地副本：

https://github.com/NickQiZhu/d3-cookbook-v2/blob/master/src/chapter5/ticks.html。

5.3.2 开始编程

在下面的示例中，我们将自定义标签的子刻度、内边距和格式。下面，让我们先看看代码。

```
<script type="text/javascript">
    var height = 500,
        width = 500,
        margin = 25,
        axisWidth = width - 2 * margin;
    var svg = d3.select("body").append("svg")
            .attr("class", "axis")
            .attr("width", width)
            .attr("height", height);
    var scale = d3.scaleLinear()
            .domain([0, 1]).range([0, axisWidth]);
    var axis = d3.axisBottom()
            .scale(scale)
            .ticks(10)
            .tickSize(12) // <-A
            .tickPadding(10) // <-B
            .tickFormat(d3.format(".0%")); // <-C

    svg.append("g")
        .attr("transform", function(){
            return "translate(" + margin +
                    "," + margin + ")";
        })
```

```
        .call(axis);
</script>
```

上述代码将输出图 5-4 所示的图形。

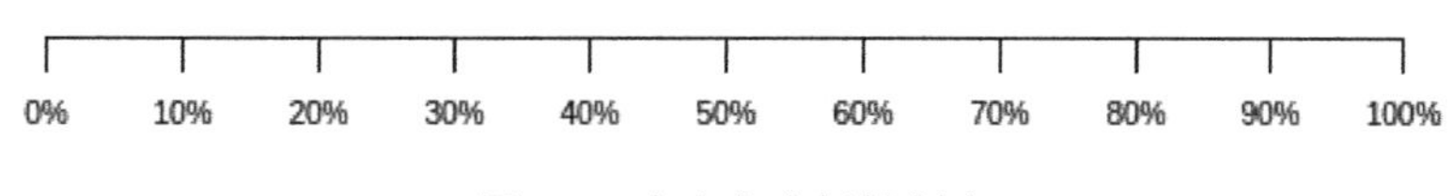

图 5-4　自定义坐标轴刻度

5.3.3　工作原理

这段代码的重点是 ticks 函数后面相关的那几行。正如我们前面所说，ticks 函数可以使 D3 控制坐标轴上的刻度个数。设置完刻度个数，我们又调用了一些函数来自定义这些刻度。在第 A 行，tickSize 函数用来自定义刻度的大小。D3 默认提供的刻度大小为 6px，在这里，我们将其设置为 12px。之后在第 B 行，tickPadding 函数则设置了标签数字与坐标轴的距离（以像素为单位）。

最后，第 C 行里调用了 tickFormat 函数，给每一个值后面加上了一个百分号。此外，D3 的 tickFormat 函数也可以完成深度定制。因此，本例中的格式化程序也可以传递给其他函数，具体如下所示：

```
.tickFormat(function(v){ // <-C
    return Math.floor(v * 100) + "%";
});
```

有关前面提到的函数、刻度定制等信息，可以参考 D3 Wiki 链接 https://github.com/d3/d3-axis/blob/master/ README.md#_axis。

5.4　绘制表格线

很多时候，我们会在 *x* 轴和 *y* 轴上同时绘制带具有相同刻度的水平和垂直网格线。正如前面的例子所示，一般情况下，我们没有也不希望过度精细地控制那些刻度的绘制。所以，在那些刻度画出来前，可能不知道实际上到底有多少个刻度，它们的值是多少。当你创建一个可复用的可视化库时，更不可能预先知道刻度的设置。在本例中，我们就学习一下在不知道刻度值的情况下，如何在坐标轴上绘制相应的网格线。

5.4.1 准备工作

在浏览器中打开如下文件的本地副本：

https://github.com/NickQiZhu/d3-cookbook-v2/blob/master/src/chapter5/grid-line.html。

5.4.2 开始编程

我们先看看下面的代码是怎么绘制网格线的。

```
<script type="text/javascript">
    var height = 500,
        width = 500,
        margin = 25;
    var svg = d3.select("body").append("svg")
            .attr("class", "axis")
            .attr("width", width)
            .attr("height", height);
    function renderXAxis(){
        var axisLength = width - 2 * margin;
        var scale = d3.scaleLinear()
                        .domain([0, 100])
                        .range([0, axisLength]);
        var xAxis = d3.axisBottom()
                .scale(scale);
        svg.append("g")
            .attr("class", "x-axis")
            .attr("transform", function(){ // <-A
                return "translate(" + margin + "," +
                                     (height - margin) + ")";
            })
            .call(xAxis);
        d3.selectAll("g.x-axis g.tick") // <-B
            .append("line") // <-C
                .classed("grid-line", true)
                .attr("x1", 0) // <-D
```

```
                .attr("y1", 0)
                .attr("x2", 0)
                .attr("y2", - (height - 2 * margin)); // <-E
    }
    function renderYAxis(){
        var axisLength = height - 2 * margin;
        var scale = d3.scaleLinear()
                        .domain([100, 0])
                        .range([0, axisLength]);
        var yAxis = d3.axisLeft()
                .scale(scale);

        svg.append("g")
            .attr("class", "y-axis")
            .attr("transform", function(){
                return "translate(" + margin + "," +
                                                margin + ")";
            })
            .call(yAxis);
        d3.selectAll("g.y-axis g.tick")
            .append("line")
                .classed("grid-line", true)
                .attr("x1", 0)
                .attr("y1", 0)
                .attr("x2", axisLength) // <-F
                .attr("y2", 0);
    }
    renderYAxis();
    renderXAxis();
</script>
```

上述代码将输出图 5-5 所示的图形。

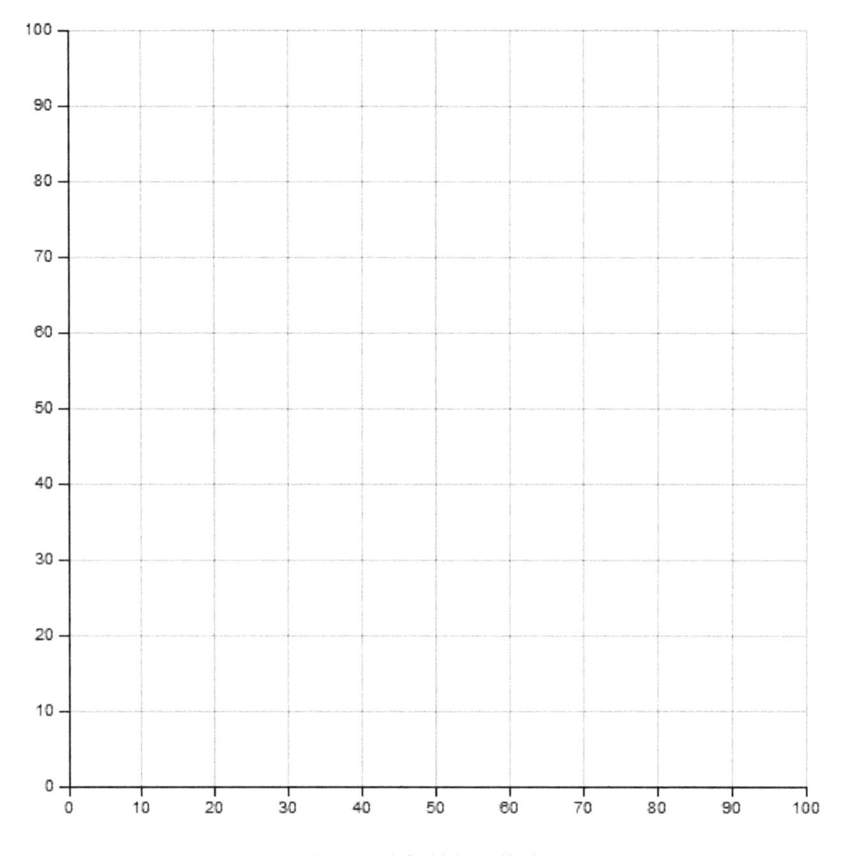

图 5-5 坐标轴与网格线

5.4.3 工作原理

在本例中，renderXAxis 和 renderYAxis 函数分别创建了 *x* 轴和 *y* 轴。我们先看看 *x* 轴是怎么样绘制的。

当我们理解了绘制 *x* 轴及其网格线的方法后，绘制 *y* 轴的逻辑也就好懂了。*x* 轴和其尺度的定义并不复杂，本章已经演示了多次。我们创建一个 svg:g 元素来容纳 *x* 轴的结构，该 svg:g 元素放在经过 translate 函数处理的图表底部，具体代码如第 A 行所示。

```
.attr("transform", function(){ // <-A
  return "translate(" + margin + "," + (height - margin) + ")";
})
```

需要记住的是，当使用 translate 时，所有子元素的参考坐标系都发生了改变。比如，如果我们在 svg:g 元素里面创建了一个点，把它的坐标设置为（0，0），再把这个点画到 SVG 画布上，就会发现它的实际位置是（margin, height − margin）。这是因为 svg:g 元素中的所有子元素，都自动进行了基础坐标系变换，所以这种变换也同样应用到了这些新的坐标值上。理解这一点后，让我们看看在生成坐标轴之后如何动态地绘制网格线。

```
d3.selectAll("g.x-axis g.tick") // <-B
            .append("line") // <-C
                .classed("grid-line", true)
                .attr("x1", 0) // <-D
                .attr("y1", 0)
                .attr("x2", 0)
                .attr("y2", - (height - 2 * margin)); // <-E
```

在绘制坐标轴以后，坐标轴上所有的刻度都是由 svg:g 元素封装起来的，我们可以通过选择 g.tick 来把它们都选上（见第 B 行）。在第 C 行，我们给每一个 svg:g 元素附加了一个新的 svg:line 元素。SVG 的 line 元素是由 SVG 提供的最简单的图形。它有 4 个主要的属性。

- ◆ *x*1 和 *y*1 属性定义了这条线的起始点。
- ◆ *x*2 和 *y*2 属性定义了这条线的终结点。

在我们的例子中，只需把 *x*1、*y*1 和 *x*2 都设置为 0 即可，因为所有的 g.tick 元素都已经转换成它自己在坐标轴上的位置了，所以要画竖直网格线，只需要改变 *y*2 属性的值。在这里，我们把 *y*2 属性设置成–(height–2 * margin)。坐标系之所以为负，原因是从前面的代码我们可以看到，整个 g.x-axis 已经转变为(height–margin)了。所以在最终的绝对坐标体系里，*y*2 = (height–margin)–(height–2 * margin) = margin，这个就是我们要在 *x* 轴绘制的那条垂直格线的顶端。

在 SVG 坐标系中，（0，0）是 SVG 画布的左上角。

图 5-6 所示是与 *x* 轴相关的网格线在 SVG 结构中的表示。

```
▼<g class="x-axis" transform="translate(25,475)" fill="none" font-size="10" font-family="sans-serif" text-anchor="middle">
   <path class="domain" stroke="#000" d="M0.5,6V0.5H450.5V6"></path>
  ▼<g class="tick" opacity="1" transform="translate(0,0)">
     <line stroke="#000" y2="6" x1="0.5" x2="0.5"></line>
     <text fill="#000" y="9" x="0.5" dy="0.71em">0</text>
     <line class="grid-line" x1="0" y1="0" x2="0" y2="-450"></line>
   </g>
  ▼<g class="tick" opacity="1" transform="translate(45,0)">
     <line stroke="#000" y2="6" x1="0.5" x2="0.5"></line>
     <text fill="#000" y="9" x="0.5" dy="0.71em">10</text>
     <line class="grid-line" x1="0" y1="0" x2="0" y2="-450"></line>
   </g>
  ▶<g class="tick" opacity="1" transform="translate(90,0)">…</g>
  ▶<g class="tick" opacity="1" transform="translate(135,0)">…</g>
  ▶<g class="tick" opacity="1" transform="translate(180,0)">…</g>
  ▶<g class="tick" opacity="1" transform="translate(225,0)">…</g>
  ▶<g class="tick" opacity="1" transform="translate(270,0)">…</g>
  ▶<g class="tick" opacity="1" transform="translate(315,0)">…</g>
  ▶<g class="tick" opacity="1" transform="translate(360,0)">…</g>
  ▶<g class="tick" opacity="1" transform="translate(405,0)">…</g>
  ▶<g class="tick" opacity="1" transform="translate(450,0)">…</g>
 </g>
```

图 5-6　带网格线的 SVG 结构的 *x* 轴

如图 5-6 所示，svg:line 元素就是之前代码中添加到 g.ticksvg:g 容器元素中的网格线。

y 轴网格线使用相同的方法生成，唯一的区别是对于 *x* 轴的网格线设置的是 *y*2 的值，对于 *y* 轴，要设置 *x*2 的值，因为 *y* 轴的网格线是水平的（见第 F 行）。

```
d3.selectAll("g.y-axis g.tick")
            .append("line")
                .classed("grid-line", true)
                .attr("x1", 0)
                .attr("y1", 0)
                .attr("x2", axisLength) // <-F
                .attr("y2", 0);
```

5.5　动态调节坐标轴尺度

在有些情况下，坐标轴的尺度可能会因为用户的设置或者数据本身而发生变化。比如，用户可能改变了时间范围。这种改变需要通过重新设置坐标轴的尺度来反映到最终的可视化展现上。在本例中，我们将研究如何实现这种动态变化，并重新绘制网格线的刻度。

5.5.1　准备工作

在浏览器中打开如下文件的本地副本：

https://github.com/NickQiZhu/d3-cookbook-v2/blob/master/src/chapter5/rescaling.html。

5.5.2　开始编程

下面是演示如何动态调整尺度的代码。

```
<script type="text/javascript">
    var height = 500,
        width = 500,
        margin = 25,
        xAxis, yAxis, xAxisLength, yAxisLength;
    var svg = d3.select("body").append("svg")
            .attr("class", "axis")
            .attr("width", width)
            .attr("height", height);
    function renderXAxis(){
        xAxisLength = width - 2 * margin;
            var scale = d3.scaleLinear()
                        .domain([0, 100])
                        .range([0, xAxisLength]);
        xAxis = d3.axisBottom()
                .scale(scale);
        svg.append("g")
            .attr("class", "x-axis")
            .attr("transform", function(){
                return "translate(" + margin + "," +
                                  (height - margin) + ")";
            })
            .call(xAxis);
    }
    ...
    function rescale(){ // <-A
        var max = Math.round(Math.random() * 100);
        xAxis.scale().domain([0, max]); // <-B
        svg.select("g.x-axis")
            .transition()
            .call(xAxis); // <-C
        yAxis.scale().domain([max, 0]);
        svg.select("g.y-axis")
            .transition()
            .call(yAxis);
        renderXGridlines();
        renderYGridlines();
    }
    function renderXGridlines(){
```

```
            d3.selectAll("g.x-axis g.tick")
                    .select("line.grid-line")
                    .remove(); // <-D
            d3.selectAll("g.x-axis g.tick")
                    .append("line")
                        .classed("grid-line", true)
                        .attr("x1", 0)
                        .attr("y1", 0)
                        .attr("x2", 0)
                        .attr("y2", - yAxisLength);
        }
        ...
        renderXAxis();
    renderXGridlines();
    ...
    </script>
```

上述代码将输出图 5-7 所示的图形。

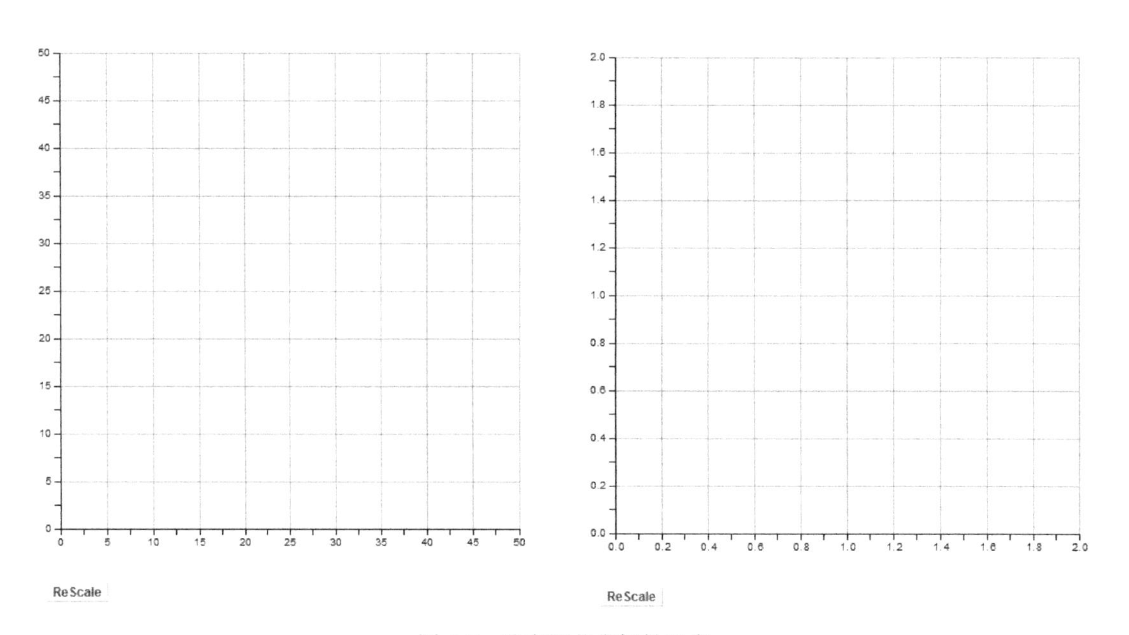

图 5-7　动态调节坐标轴尺度

受篇幅所限，本例省略了与 y 轴有关的部分代码。读者如果希望了解完整的代码，可以参考在线版本。

5.5.3 工作原理

单击屏幕上的 ReScale 按钮，你会发现随着坐标轴尺度的变化，所有的刻度和网格线都将重新绘制，而且有非常平滑的动画过渡。在本节中，我们重点学习动态调整尺度的工作原理，而动画的过渡效果则在下一章介绍。本小节的大部分工作是在第 A 行中定义的 rescale 函数里完成的。

```
function rescale(){ // <-A
  var max = Math.round(Math.random() * 100);
  xAxis.scale().domain([0, max]); // <-B
  svg.select("g.x-axis")
    .transition()
    .call(xAxis); // <-C
  renderXGridlines();
}
```

我们通过改变坐标轴的 domain 值来调节它的尺度（见第 B 行）。这里 domain 表示的是数据的域，它的范围可以与视图里的域对应起来。所以，视图中的范围大小是不变的，因为我们并没有更改 SVG 的画布大小。一旦完成更新，就可以通过 SVG 选择器来选中 *x* 轴，再对 xAxis 调用 call 函数（见第 C 行），这个 call 函数会接管坐标轴的更改事宜，我们要对坐标轴做的事情就完成了。下一步，将更新和重画全部网格线，因为改变了 domain，所以也会改变所有的刻度。

```
function renderXGridlines(){
        d3.selectAll("g.x-axis g.tick")
                .select("line.grid-line")
                .remove(); // <-D
        d3.selectAll("g.x-axis g.tick")
                .append("line")
                    .classed("grid-line", true)
                    .attr("x1", 0)
                    .attr("y1", 0)
                    .attr("x2", 0)
                    .attr("y2", - yAxisLength);
}
```

先通过 remove()函数删除所有网格线，如第 D 行所示，再依据坐标轴上新的刻度来重画所有的网格线。使用这个方法，在调节坐标轴的尺度这一过程中，所有的网格线也会与刻度保持一致。

第6章 优雅变换

本章涵盖以下内容：

- 单元素动画
- 多元素动画
- 使用缓动函数
- 使用中间帧计算
- 使用级联过渡
- 使用选择性过渡
- 监听过渡事件
- 使用定时器

6.1 简介

“一图胜千言。”

这句古老的谚语大概是数据可视化最重要的基石之一。动画是由一系列静止图像的快速播放而形成的。人类的眼睛和大脑是借助正后像（positive afterimage），飞现象（phiphenomenon，是一种错视现象，描述一连串静态图片会造成移动的错觉）和 beta 运动（beta movement）产生连续影像的错觉。正如 Rick Parent 在他的杰作《计算机动画算法与技术》（*Computer Animation Algorithms and Techniques*）中指出的：

由于人类视觉系统是一个精妙的信息处理器，因此图像可以传递海量信息，并且移动的图像能在短时间内传达更多的信息。的确，在世界不断的演变过程中，人类的视觉系统也在不断地进化，对于移动的物体，它能够更好地聚焦。

——R. Parent（2012 年）

这正是数据可视化中动画效果的目的所在。在本章中，我们将集中介绍 D3 的动画机制，它包括基础知识和一些进阶内容（如自定义插值器和基于定时器的过渡效果）。过渡不仅能将视觉效果由枯燥变得炫目，更增添了 D3 的表现力。一些原本难以视觉化的元素（例如趋势和区别），都能够很好地可视化。

什么是过渡

D3 的过渡特性使我们可以在网页上用 HTML 和 SVG 创造计算机动画。D3 过渡实现了一种基于插值的动画（Interpolation-based Animation）。受计算机本身特性影响，大多数计算机动画是基于插值的。顾名思义，这种动画技术的基础是插值。

读者肯定还记得，本书第 4 章中详细讲解过 D3 的插值器和插值函数。过渡是基于插值和尺度的，它能随着时间不断变换相应的值，从而形成动画。每个过渡都有起始和结束值（在动画中也称关键帧），然后使用不同的算法和插值器，在帧与帧之间插入中间值（这称为 in-betweening 或简称 tweening）。这样看来，似乎如果对算法和技术不够熟悉，那么创建动画时会很吃力。然而，事实并非如此，基于插值的过渡可以对每一帧运动轨迹提供期望，因此能够强有力地控制整体动画效果。事实上，D3 过渡效果 API 具有良好的设计，在大多数情况下，寥寥几行代码就足以实现数据可视化项目所需的动画效果。现在，就让我们通过几个例子来深入探讨这一主题。

6.2　单元素动画

在本例中，我们先来看一个简单过渡的效果，利用单个元素的属性插值来实现简单动画。

6.2.1　准备工作

在浏览器中打开如下文件的本地副本：

```
https://github.com/NickQiZhu/d3-cookbook-v2/blob/master/src/chapter6/
single-element-transition.html。
```

6.2.2 开始编程

下面这个简单过渡的代码非常简洁，对于所有动画师来说，这无疑是一个好消息。

```
<script type="text/javascript">
var body = d3.select("body"),
duration = 5000;


body.append("div") // <-A
            .classed("box", true)
            .style("background-color", "#e9967a") // <-B
        .transition() // <-C
        .duration(duration) // <-D
            .style("background-color", "#add8e6") // <-E
            .style("margin-left", "600px") // <-F
            .style("width", "100px")
            .style("height", "100px");
</script>
```

上面的代码生成了一个不断移动、收缩、变换颜色的方块，如图 6-1 所示。

图 6-1　单元素过渡

6.2.3 工作原理

让人吃惊的是，这一动画效果仅仅用了 C、D 两行代码就搞定了。具体如下所示：

```
body.append("div") // <-A
            .classed("box", true)
            .style("background-color", "#e9967a") // <-B
            .transition() // <-C
            .duration(duration) // <-D
```

首先，在第 C 行中，我们调用 d3.selection.transition 函数定义了一个过渡。transition 函数会返回一个具备过渡能力的选集，这一选集仍然表示当前选中的元素集，但是它上面添加了一些额外的函数，它们能够进一步定制过渡行为。

然后，在第 D 行中，我们使用 duration()函数把过渡效果的持续时间设置为 5000ms。这个函数也返回当前具备过渡能力的选集，因此它支持函数级联。如本章开始时提到的，基于插值的动画在使用插值器设置中间值时，通常只需要指定起始和结束值，中间值交由插值器和算法自动填充。D3 过渡将 transition 函数调用点之前的所有值作为起始值，将调用完毕后设置的值作为结束值。因此，在我们的示例中，含有下列代码：

```
.style("background-color", "#e9967a") // <-B
```

在第 B 行中定义的 background-color 样式是过渡效果的起始值。下面设置的所有样式均为结束值：

```
.style("background-color", "#add8e6") // <-E
.style("margin-left", "600px") // <-F
.style("width", "100px")
.style("height", "100px");
```

看到这里，有读者可能禁不住要问，为何起始和结束值不对称呢？D3 过渡并不要求每个被插值的数值都有明确的起始值和结束值。如果缺失起始值，则它将试图使用计算出的样式；如果缺失结束值，则它将当前值作为常量。一旦过渡开始，D3 将自动为每个值选择一个最合适的内置插值器。在本例中，在第 E 行使用了一个 RGB 色彩插值器，剩余的样式值使用字符插值器，即间隔使用数字插值器来为嵌入的数字插值。下面列出了每个插值样式的起始值和结束值。

- background-color：起始值#e9967a 大于结束值#add8e6。
- margin-left：起始值是计算出的样式，应大于结束值 600px。
- width：起始值是计算出的样式，应大于结束值 100px。
- height：起始值是计算出的样式，应大于结束值 100px。

6.3 多元素动画

与前面例子中的单元素动画相比，使用多元素动画，可以获得更加精美的可视化效果。更重要的是，这些过渡通常由数据驱动，并同时与其他元素协作。本节，我们将看到如何用数据驱动的多元素过渡来生成一个变化的条形图。在这个条形图中，条形图会随着时间的推移逐次出现，并且整个图表平滑地从右向左平移。

6.3.1 准备工作

在浏览器中打开如下文件的本地副本：

https://github.com/NickQiZhu/d3-cookbook-v2/blob/master/src/chapter6/multi-element-transition.html。

6.3.2 开始编程

很明显，这个示例代码比前面的要稍微长一些，但是，也不会长太多。下面，让我们来看一下具体的代码。

```
<script type="text/javascript">
var id= 0,
data = [],
duration = 500,
chartHeight = 100,
chartWidth = 680;

for(vari = 0; i< 20; i++) push(data);

function render(data) {
        var selection = d3.select("body")
                .selectAll("div.v-bar")
                 .data(data, function(d){return d.id;}); // <-A
        // enter
        selection.enter()
                .append("div")
                .attr("class", "v-bar")
                .style("z-index", "0")
                .style("position", "fixed")
                .style("top", chartHeight + "px")
                 .style("left", function(d, i){
                    return barLeft(i+1) + "px"; // <-B
                })
                .style("height", "0px") // <-C
                .append("span");

        // update
```

```
        selection
            .transition().duration(duration) // <-D
                .style("top", function (d) {
                    return chartHeight - barHeight(d) + "px";
                })
                .style("left", function(d, i){
                    return barLeft(i) + "px";
                })
                .style("height", function (d) {
                    return barHeight(d) + "px";
                })
                .select("span")
                .text(function (d) {return d.value;});
        // exit
        selection.exit()
                .transition().duration(duration) // <-E
                .style("left", function(d, i){
                    return barLeft(-1) + "px"; //<-F
                })
                .remove(); // <-G
    }

function push(data) {
    data.push({
        id: ++id,
        value: Math.round(Math.random() * chartHeight)
    });
}

function barLeft(i) {
    return i * (30 + 2);
}

function barHeight(d) {
    return d.value;
}

setInterval(function () {
            data.shift();
            push(data);
            render(data);
    }, 2000);
```

```
render(data);

d3.select("body")
        .append("div")
            .attr("class", "baseline")
            .style("position", "fixed")
            .style("z-index", "1")
            .style("top", chartHeight + "px")
            .style("left", "0px")
            .style("width", chartWidth + "px");
</script>
```

上面的代码在浏览器中生成了一个滑动的条形图，如图 6-2 所示。

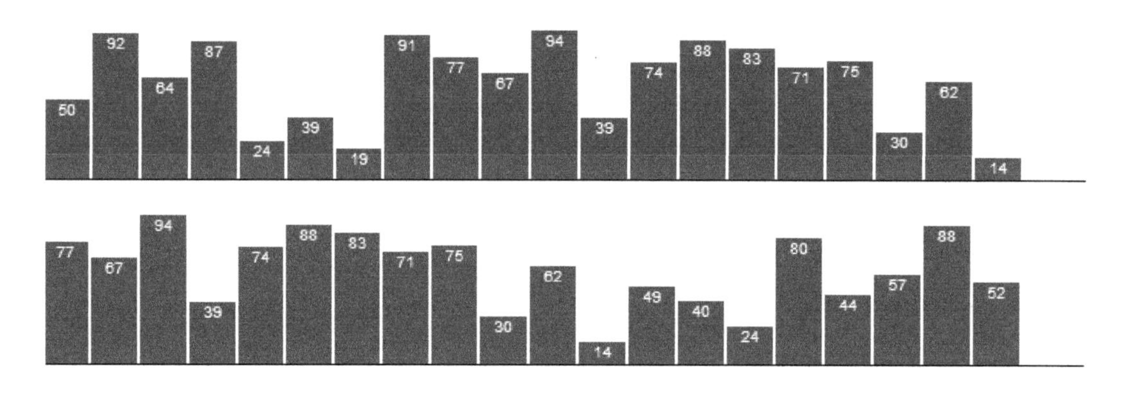

图 6-2 滑动条形图

6.3.3 工作原理

表面上看，这个例子生成的效果也很复杂：每一秒钟，它都要创建一个新的条形，同时还要平滑地移动剩余的条形。而 D3 基于集合的 API 的美妙之处就在于无论应用于多少个元素，其作用方式都是完全相同的。一旦理解了这种机制，你会发觉这个例子实际上与之前的并没太大区别。

第一步，我们在第 A 行中创建了绑定数据的垂直条形图选集，随后就可以使用经典的进入—更新—退出模式了。

```
var selection = d3.select("body")
                .selectAll("div.v-bar")
                .data(data, function(d){return d.id;}); // <-A
```

现在，我们来讨论 d3.selection.data 的第二个参数。通常，这种函数称为对象标识函数。这个函数的作用是确保返回对象的一致性，简单来说，就是使数据和图形元素之间的绑定更稳定。为了保证对象的一致性，需要为每一个数据都提供唯一的标识，这样，D3 就可以确认是否有 div 元素绑定到{id: 3, value: 45}上了。然后下次更新选集时，即便 value 发生了变化，相同 id 的数据仍然对应同一个 div 元素。在本例中，对象的一致性是非常关键的，否则不可能实现滑动效果。

第二步是使用 d3.selection.enter 函数创建垂直条形图，并根据索引值计算每个条形的 left 位置属性（具体如第 B 行代码所示）。

```
// enter
selection.enter()
                .append("div")
                .attr("class", "v-bar")
                .style("z-index", "0")
                .style("position", "fixed")
                .style("top", chartHeight + "px")
                .style("left", function(d, i){
return barLeft(i+1) + "px"; // <-B
                })
                .style("height", "0px") // <-C
                .append("span");
```

另一个值得注意的是 enter 部分，目前我们还没有调用过渡，这意味着这里指定的值都将作为过渡的起始值。注意，在第 C 行中，垂直条形图的 height 设为 0px，因此可以实现条形从无增长至指定高度的动画。同时，在第 B 行中对垂直条形图的 left 位置也应用了相同的逻辑，它们都设为 barLeft(i+1)，因此可以实现想要的滑动效果。

```
// update
selection
            .transition().duration(duration) // <-D
                .style("top", function (d) {
return chartHeight - barHeight(d) + "px";
                    })
                .style("left", function(d, i){
return barLeft(i) + "px";
                })
                .style("height", function (d) {
return barHeight(d) + "px";
                })
                .select("span")
                  .text(function (d) {return d.value;});
```

在看完 enter 部分之后，我们来看添加了过渡的 update 部分。首先，我们希望为所有的更新都引入过渡，因此，在应用样式变化之前，先调用 transition 函数（见第 D 行）。创建了具备过渡能力的选集后，就可以应用如下的样式过渡：

- top: chartHeight + "px" >chartHeight - barHeight(d)+"px"
- left: barLeft(i+1) + "px" >barLeft(i) + "px"
- height: "0px" >barHeight(d) + "px"

上述 3 种样式过渡处理了新建和已有的垂直条形图的滑动效果。最后，我们来讨论删除垂直条形图的 exit 部分。我们希望在页面上保持固定数量的条形图，这一部分的代码如下所示：

```
// exit
selection.exit()
                .transition().duration(duration) // <-E
                .style("left", function(d, i){
return barLeft(-1) + "px"; // <-F
                })
                .remove(); // <-G
```

迄今为止，本书前面的例子都是在 d3.selection.exit 函数之后立即调用 remove()函数。之所以这样做，是为了立即删除不再使用的那些元素。实际上，exit()函数也会返回一个选集，因此在调用 remove()函数之前，仍然能够使用动画效果。本例正是这样做的，在第 E 行中，我们对退出模式的图形启动了一个过渡，然后对 left 样式应用如下的过渡变化：

```
left: barLeft(i) + "px" >barLeft(i-1) + "px"
```

由于总是会删除最左边的条形，所以这个过渡效果会将条形左移，直至移出 SVG 画布之外，之后再删除它。

exit 的过渡效果并不局限于本例中这种简单的情形，在某些情况下，它甚至能够与 update 的过渡效果相媲美。

最后，在 render 函数中使用上述过渡效果后，剩余的事情就很简单了：只要更新数据，然后借助 setIntervel()函数，每隔 1s 重新绘制一遍这个图形即可。这个例子到此就介绍完毕了。

6.4　使用缓动函数

过渡可以看成是时间的函数，它将时间进度映射为数值的变化，形成了对象的运动（如果数值代表位置）或者形变（如果数值描述视觉属性）。时间是匀速变化的，换句话说时间进度是均匀的（除非在黑洞附近进行可视化），然而结果并不总是需要均匀的。缓动正是控制这一映射并提供灵活性的典型技术。当一个过渡生成均匀变化的值时，称其为线性缓动。D3 提供了许多不同类型的缓动，本节将逐一介绍，并讲解如何实现自定义缓动的 D3 过渡。

6.4.1　准备工作

在浏览器中打开如下文件的本地副本：

https://github.com/NickQiZhu/d3-cookbook-v2/blob/master/src/chapter6/easing.html。

6.4.2　开始编程

在下面的示例代码中，我们展示了如何对元素逐一添加自定义的缓动过渡。

```
<script type="text/javascript">
var data = [ // <-A
            {name: 'Linear', fn: d3.easeLinear},
            {name: 'Cubic', fn: d3.easeCubic},
            {name: 'CubicIn', fn: d3.easeCubicIn},
            {name: 'Sin', fn: d3.easeSin},
            {name: 'SinIn', fn: d3.easeSinIn},
            {name: 'Exp', fn: d3.easeExp},
            {name: 'Circle', fn: d3.easeCircle},
            {name: 'Back', fn: d3.easeBack},
            {name: 'Bounce', fn: d3.easeBounce},
            {name: 'Elastic', fn: d3.easeElastic},
            {name: 'Custom', fn: function(t){ return t * t; }}// <-B
    ],
colors = d3.scaleOrdinal(d3.schemeCategory20);

d3.select("body").selectAll("div")
            .data(data) // <-C
        .enter()
```

```
            .append("div")
                .attr("class", "fixed-cell")
                .style("top", function (d, i) {
                returni * 40 + "px";
                })
                .style("background-color", function (d, i) {
                return colors(i);
                })
                .style("color", "white")
                .style("left", "500px")
                .text(function (d) {
                return d.name;
                });

    d3.selectAll("div").each(function(d){
    d3.select(this)
            .transition().ease(d.fn) // <-D
            .duration(1500)
            .style("left", "10px");
        });
    </script>
```

上述代码生成了一系列具有不同缓动效果的移动盒子，图 6-3 所示是相应的动画截图。

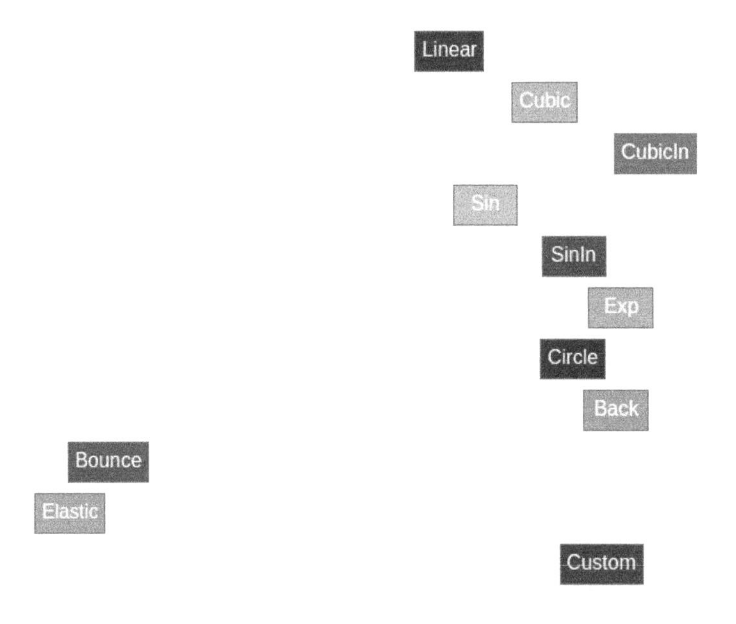

图 6-3　不同的缓动效果

6.4.3 工作原理

在本例中，我们展示了不同的 D3 缓动函数及其过渡效果。接下来，我们开始详细讲解相应的代码。首先，我们创建了一个数组，用来存储所有待使用的缓动模式。

```
var data = [ // <-A
            {name: 'Linear', fn: d3.easeLinear},
            {name: 'Cubic', fn: d3.easeCubic},
            {name: 'CubicIn', fn: d3.easeCubicIn},
            {name: 'Sin', fn: d3.easeSin},
            {name: 'SinIn', fn: d3.easeSinIn},
            {name: 'Exp', fn: d3.easeExp},
            {name: 'Circle', fn: d3.easeCircle},
            {name: 'Back', fn: d3.easeBack},
            {name: 'Bounce', fn: d3.easeBounce},
            {name: 'Elastic', fn: d3.easeElastic},
            {name: 'Custom', fn: function(t){ return t * t; }}// <-B
    ],
colors = d3.scaleOrdinal(d3.schemeCategory20);
```

所有内置的缓动函数都是用缓动效果来命名的。在上面的数组中，最后一个函数为一个自定义的缓动函数（这里为二次曲面缓动）。在这段代码里，该数组创建了一系列的 div 元素，每个元素都具有对应的缓动效果，从而实现从（"left", "500px"）到（"left", "10px"）属性的过渡。

```
d3.selectAll("div").each(function(d){
d3.select(this)
        .transition().ease(d.fn) // <-D
        .duration(1500)
        .style("left", "10px");
     });
```

此时，有读者可能会问，为何不像 D3 的其他属性那样，利用一个函数来定义不同的缓动效果呢？

```
d3.selectAll("div").transition().ease(d.fn) // does not work
        .duration(1500)
        .style("left", "10px");
```

其实原因很简单：ease()函数不支持这种方式。在第 D 行中使用的是另一种替代方案，毕竟在实际项目中，我们很少会对每个元素都自定义缓动行为。此外，我们还可以使用自定义中间帧来处理这个问题，具体示例代码见后文。

如第 D 行所示，为 D3 过渡指定不同的缓动函数是非常简单的，你唯一需要做的就是在过渡选集上调用 ease()函数。除此之外，D3 还提供了缓动模式修饰符，它能够与任意缓动函数相结合形成特殊的效果，如 sin-out 或者 quad-out-in。下面介绍几个可用的缓动模式修饰符。

- in：默认。
- out：反向。
- inout：镜像。
- outin：反向镜像。

D3 默认的缓动效果为 easeCubic()。D3 支持的缓动函数清单可参见链接 https://github.com/d3/d3-ease。
对于希望通过可视化形式来探索不同类型的内置缓动模式的读者来说，可以访问 D3 的创建者打造的 http://bl. ocks.org/mbostock/248bac3b8e354a9103c4 这个直观的缓动浏览器。

当使用自定义缓动函数时，需要传入当前时间值作为参数，该时间值的取值范围为[0, 1]，具体代码如下所示：

```
function(t){ // <-B
    return t * t;
}
```

这个例子实现了一个简单的二次曲面（quadric）缓动函数，实际上 D3 本身已经内置了这一缓动函数，名为 quad。

关于缓动和 Penner 方程（大多数 JavaScript 框架，包括 D3、jQuery 都是在它的基础之上实现的）的更多内容可参见 robertpenner 网站。

6.5　使用中间帧计算

中间帧（tween）一词源于“inbetween”。inbetween 是传统动画行业使用的惯例，当时，主设计师创建完关键帧后，再由工作人员在其中插入一些中间帧。这一惯用语引入现代计算机动画中，用来代表插入中间帧的各种技术和算法。在本节中，我们将研究 D3 过渡对中间帧计算的支持。

6.5.1　准备工作

在浏览器中打开如下文件的本地副本：

https://github.com/NickQiZhu/d3-cookbook-v2/blob/master/src/chapter6/tweening.html。

6.5.2　开始编程

在下面的例子中，我们将创建一个自定义中间帧计算函数，通过 9 个不连续的整数来实现按钮文字的动画效果。

```
<script type="text/javascript">
var body = d3.select("body"), duration = 5000;

body.append("div").append("input")
        .attr("type", "button")
        .attr("class", "countdown")
        .attr("value", "0")
        .style("width", "150px")
        .transition().duration(duration).ease(d3.easeLinear)
            .style("width", "400px")
            .attr("value", "9");

body.append("div").append("input")
        .attr("type", "button")
        .attr("class", "countdown")
        .attr("value", "0")
        .transition().duration(duration).ease(d3.easeLinear)
.styleTween("width", widthTween) // <- A
            .attrTween("value", valueTween); // <- B

function widthTween(a){
```

```
var interpolate = d3.scaleQuantize()
            .domain([0, 1])
            .range([150, 200, 250, 350, 400]);

            return function(t){
            return interpolate(t) + "px";
        };
    }

functionvalueTween(){
var interpolate = d3.scaleQuantize() // <-C
            .domain([0, 1])
            .range([1, 2, 3, 4, 5, 6, 7, 8, 9]);

             return function(t){ // <-D
             return interpolate(t);
        };
    }
</script>
```

上面的例子生成了两个按钮，它们分别基于不同的比值变换数值，图 6-4 所示是程序运行中的截图。

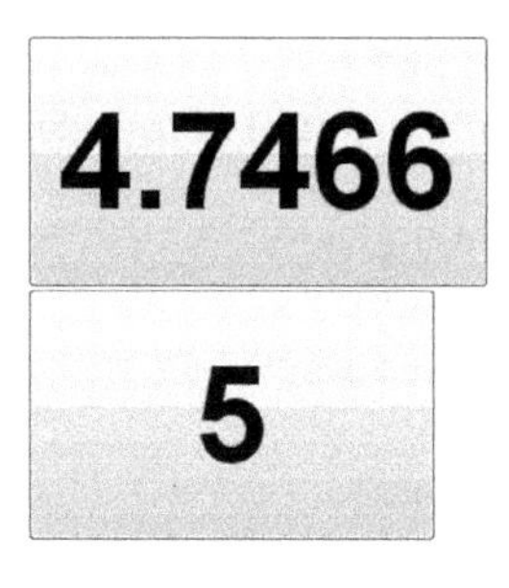

图 6-4　中间帧

6.5.3 工作原理

在本例中，我们先通过简单过渡和线性缓动创建了第一个按钮。

```
body.append("div").append("input")
        .attr("type", "button")
        .attr("class", "countdown")
```

```
        .attr("value", "0")
        .style("width", "150px")
        .transition().duration(duration).ease(d3.easeLinear)
            .style("width", "400px")
            .attr("value", "9");
```

该过渡效果将按钮的宽度从 150px 变为 400px，同时将值从 0 变到 9。正如所料，这一过渡使用 D3 字符串插值器实现了简单的连续线性插值。相比较而言，第二个按钮的效果则要使用更大步长来改变数值，先从 1 变到 2，再到 3，然后一直到 9。这些是通过 D3 中间帧的 attrTween 和 styleTween 两个函数来实现的。让我们来仔细研究一下相关的代码。

```
.transition().duration(duration).ease(d3.easeLinear)
          .styleTween("width", widthTween) // <- A
          .attrTween("value", valueTween); // <- B
```

在上面的代码中，我们没有同第一个按钮那样直接设置 value 属性的结束值，而是调用了 attrTween 函数，并传入两个分别名为 widthTween 和 valueTween 的中间帧计算函数。具体实现代码如下所示：

```
functionwidthTween(a){
var interpolate = d3.scaleQuantize()
            .domain([0, 1])
            .range([150, 200, 250, 350, 400]);

return function(t){
return interpolate(t) + "px";
        };
    }

functionvalueTween(){
var interpolate = d3.scaleQuantize() // <-C
            .domain([0, 1])
            .range([1, 2, 3, 4, 5, 6, 7, 8, 9]);

return function(t){ // <-D
return interpolate(t);
        };
    }
```

在 D3 中，tween 函数是一个工厂函数，用来构造执行中间帧计算的最终函数。在本例中，我们定义了一个量化尺度，将值域［0,1］映射为不连续的离散范围［1,9]，如第 C 行所示。第 D 行中定义的实际中间帧计算函数通过量化尺度对传入的时间参数进行插值，最终生成了跳跃的整数效果。

量化尺度函数是一系列线性尺度函数，具有离散而非连续区间。更多关于量化尺度的信息，可访问链接 https://github.com/d3/d3/blob/master/API.md#quantize-scales。

6.5.4　更多内容

到现在为止，我们已经接触到了过渡的 3 个概念：缓动、中间帧和插值。通常情况下，这 3 个概念在 D3 过渡中的关系如图 6-5 所示。

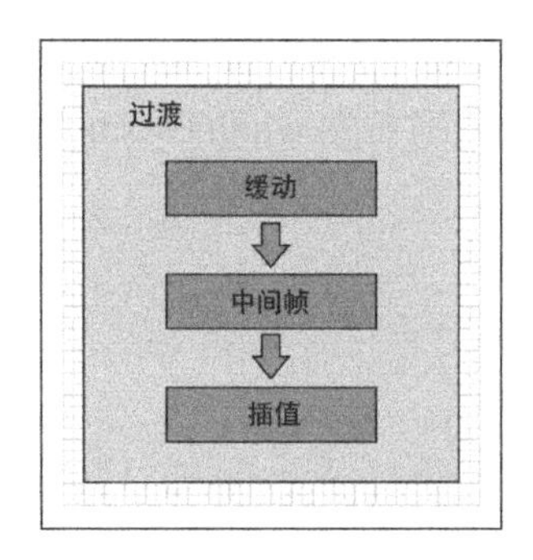

图 6-5　过渡的驱动关系图

如同之前许多例子所展示的，D3 过渡在这 3 个级别上都支持自定义，这为我们提供了极大的灵活性，从而实现我们希望的过渡效果。

虽然自定义的中间帧通常是由 D3 的插值器实现的，但是这并不妨碍读者使用自己的中间帧函数来实现相应的功能。也就是说，即使完全抛开 D3 的插值器，也能实现自定义的中间帧。

这里，为了突出中间帧自动生成的效果而使用了线性缓动，但实际上，D3 对缓动中间帧计算有强大的支持，我们可以在自定义的中间帧计算中，结合前面提到的任意缓动函数来实现更加复杂的过渡效果。

6.6　使用级联过渡

本章的前 4 节集中讲述了如何控制单个过渡效果，它包括使用自定义缓动和中间帧计算函数。然而，有些时候即使有再多的缓动和中间帧，对于单个过渡来说也是不够的，例如，希望模拟 div 元素的远距传动，将 div 元素先压缩为一束光线，然后传送到页面的另一个位置，最后把 div 还原为原始尺寸。在本例中，我们将介绍如何使用级联过渡来实现这种过渡效果。

6.6.1　准备工作

在浏览器中打开如下文件的本地副本：

https://raw.githubusercontent.com/NickQiZhu/d3-cookbook-v2/master/src/chapter6/chaining.html。

6.6.2　开始编程

可以看到，远距传动过渡代码是非常短小精悍的。

```
<script type="text/javascript">
var body = d3.select("body");

function teleport(s){
s.transition().duration(1000) // <-A
            .style("width", "200px")
            .style("height", "1px")
        .transition().duration(500) // <-B
            .style("left", "600px")
        .transition().duration(1000) // <-C
            .style("left", "800px")
            .style("height", "80px")
            .style("width", "80px");
    }

body.append("div")
            .style("position", "fixed")
            .style("background-color", "steelblue")
            .style("left", "10px")
```

```
            .style("width", "80px")
            .style("height", "80px")
            .call(teleport); // <-D
</script>
```

上述代码实现了一个 div 元素的远距传动，效果如图 6-6 所示。

图 6-6 基于级联过渡的 div 远距传动效果

6.6.3 工作原理

这一简单的远距传动效果，是在一系列过渡级联的基础上实现的。在 D3 中，当级联过渡效果时，每一个过渡将在前一过渡达到完成状态之后才起作用。现在，我们来研究代码中的实现。

```
function teleport(s){
s.transition().duration(1000) // <-A
        .style("width", "200px")
        .style("height", "1px")
    .transition().duration(500) // <-B
        .style("left", "600px")
    .transition().duration(1000) // <-C
        .style("left", "800px")
        .style("height", "80px")
        .style("width", "80px");
};
```

第 A 行中定义和初始化了第一个过渡（压缩），然后在第 B 行中，我们创建了第二个过渡（传送），最后在第 C 行级联了第 3 个过渡（还原）。级联过渡可以通过连接简单过渡效果，简单有效地实现复杂过渡。在例子的最后，展示了如何将远距传动过渡包装在一个函数里，然后通过 d3.selection.call 对一个 D3 选集调用该函数，这种写法保证了复杂过渡效果的可重用性。这一特性很好地实现了 DRY 原则（不要重复自己，Don't repeat yourself），在可视化逐渐变得精细时，这一原则变得尤为重要。

6.7 使用选择性过渡

在某些情况下，你也许希望对特定选集的子集应用过渡效果。在本小节中，我们来研究如何使用数据驱动的选择性过渡技术来实现这一效果。

6.7.1 准备工作

在浏览器中打开如下文件的本地副本：

https://github.com/NickQiZhu/d3-cookbook-v2/blob/master/src/chapter6/filtering.html。

6.7.2 开始编程

在本例中，我们将页面上所有 div 元素（或者盒子）从右端移动到左端。然后，再将其中标记为 Cat 的盒子移动回右端。具体代码如下所示：

```
<script type="text/javascript">
var data = ["Cat", "Dog", "Cat", "Dog", "Cat", "Dog", "Cat", "Dog"],
duration = 1500;

d3.select("body").selectAll("div")
            .data(data)
        .enter()
        .append("div")
            .attr("class", "fixed-cell")
            .style("top", function (d, i) {
            return i * 40 + "px";
            })
            .style("background-color", "steelblue")
            .style("color", "white")
            .style("left", "500px")
            .text(function (d) {
```

```
return d;
            })
            .transition() // <- A
                .duration(duration)
                    .style("left", "10px")
            .filter(function(d){return d == "Cat";}) // <- B
                .transition() // <- C
                .duration(duration)
                    .style("left", "500px");
</script>
```

页面过渡效果如图 6-7 所示。

图 6-7　选择性过渡

6.7.3　工作原理

为了直击要害，也就是让读者的精力集中到该技术的核心上面，我们力争让这个例子的初始化部分尽量简单。首先建立一个数组，它由交错出现的“Cat”和“Dog”字符组成，然后基于这些数据创建了一系列 div 元素，并在第 A 行创建一个过渡来将这些 div 元素移动到页面左端。到目前为止，这个例子看上去只是普通的多元素过渡。

```
.transition() // <- A
.duration(duration)
    .style("left", "10px")
.filter(function(d){return d == "Cat";}) // <- B
.transition() // <- C
.duration(duration)
    .style("left", "500px");
```

然后在第 B 行中，使用 d3.selection.filter 函数来生成仅包含“Cat”盒子的子选集。记住，D3 过渡也是一个选集（具有过渡能力的选集），因此在这里 d3.selection.filter 与普通选集并无区别。一旦通过 filter 函数生成了子选集，我们就能对其应用二级过渡（见第 C 行）。filter 函数返回一个具有过渡能力的子选集，因此，第 C 行中创建的二级过渡实质上是级联过渡，它只有在第一个过渡完成之后才会触发。将级联过渡和选择性过渡结合起来，就能生成一些非常有趣的数据驱动动画，这是数据可视化工具集中非常实用的一个工具。

6.7.4　参考阅读

- 关于 D3 数据驱动选择性过渡的更多例子，可参见本书第 3 章。
- 关于 selection.filter 函数的 API 文档，可参见 https://github.com/d3/d3-selection/blob/master/README.md#selection_filter。

6.8　监听过渡事件

级联过渡保证了前一个过渡完毕之后，才去触发第二个。不过，有时我们会期望触发特定动作（不一定是过渡），或者在过渡时进行不同的处理。过渡事件监听器正好可以解决这个问题，本节将对此主题进行详细叙述。

6.8.1　准备工作

在浏览器中打开如下文件的本地副本：

https://github.com/NickQiZhu/d3-cookbook-v2/blob/master/src/chapter6/events.html。

6.8.2　开始编程

本例展示了如何在一个动画 div 元素上，基于其不同过渡状态来显示不同的文字。很明显，这个例子可以拓展到更加复杂的情况。

```
<script type="text/javascript">
var body = d3.select("body"), duration = 3000;

var div = body.append("div")
```

```
            .classed("box", true)
            .style("background-color", "steelblue")
            .style("color", "white")
.text("waiting") // <-A
        .transition().duration(duration) // <-B
                .delay(1000) // <-C
                .on("start", function(){ // <-D
                d3.select(this).text(function (d, i) {
                return "transitioning";
                    });
                })
                .on("end", function(){ // <-E
                d3.select(this).text(function (d, i) {
                return "done";
                    });
                })
            .style("margin-left", "600px");
</script>
```

上面的代码生成了图 6-8 所示的视觉效果，首先会出现一个标记为 waiting 的盒子，它逐渐向右移动，同时标签变为 transitioning，当过渡结束时，它停止移动，并且标签变为 done。

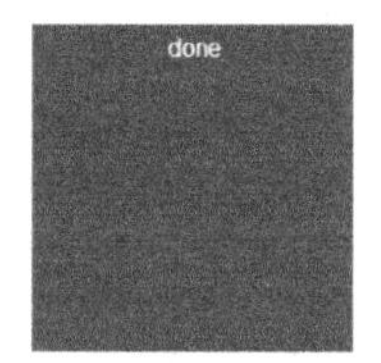

图 6-8　过渡事件处理

6.8.3　工作原理

在这个例子里，我们构造了一个 div 元素，并实现了简单的水平移动过渡效果，同时根据过渡状态改变了元素中的内容。下面先来看代码是如何显示 waiting 标签的。

```
var div = body.append("div")
            .classed("box", true)
            .style("background-color", "steelblue")
            .style("color", "white")
            .text("waiting") // <-A
        .transition().duration(duration) // <-B
                .delay(1000) // <-C
```

在第 B 行定义过渡之前，先在第 A 行中设置了 waiting 标签。同时，我们为过渡指定了一个延迟，这样一来，在初始化过渡之前将先显示 waiting 标签。接下来，我们来看如何在过渡时显示 transitioning 标签。

```
.on("start", function(){ // <-D
d3.select(this).text(function (d, i) {
  return "transitioning";
    });
})
```

这里主要是调用了 on()函数。传入的第一个参数为事件名"start"，第二个参数是一个事件监听函数，该函数的 this 指向当前选中的元素。this 的指向是由 D3 进行封装的，以便于将来进行进一步的处理。此外，对于过渡的"end"事件，我们也进行了类似的处理。

```
.on("end", function(){ // <-E
d3.select(this).text(function (d, i) {
  return "done";
    });
})
```

这里唯一的区别是传入 on()函数的事件名不同。

6.9　使用定时器

迄今为止，本章已经讨论了与 D3 过渡相关的若干话题。有读者可能会问，究竟是什么使得 D3 过渡可以生成动画帧呢？在本例中，将讨论底层 D3 定时器函数，从而可以帮助我们从头开始创建自定义动画。

6.9.1　准备工作

在浏览器中打开如下文件的本地副本：

`https://github.com/NickQiZhu/d3-cookbook-v2/blob/master/src/chapter6/timer.html`。

6.9.2　开始编程

在本节，我们将创建一个自定义动画，它完全不依赖于 D3 过渡或插值。也就是说，我们将从头开始创建一个自定义的动画。具体的代码如下所示：

```
<script type="text/javascript">
var body = d3.select("body");

var countdown = body.append("div").append("input");

countdown.attr("type", "button")
        .attr("class", "countdown")
        .attr("value", "0");

function countUp(target){ // <-A
   var t = d3.timer(function(){ // <-B
   var value = countdown.attr("value");
    if( value == target ) {
        t.stop();
            return true;
} // <-C
countdown.attr("value", ++value); // <-D
        });
    }

function reset(){
   countdown.attr("value", 0);
}
</script>

<div class="control-group">
<button onclick="countUp(100)">
        Start
</button>
<button onclick="reset()">
        Clear
</button>
</div>
```

上面的代码生成一个计数器盒子，其初始值为0，当单击Start按钮时，计数器不断增加，直到100为止，如图6-9所示。

图6-9 基于自定义定时器的动画

6.9.3 工作原理

在这个例子里，我们构造了一个自定义动画，用来显示不断变化的范围为 0～100 间的数字。对于这样一个简单的动画，我们当然可以用 D3 过渡和中间帧计算来更简单地实现，不过此处旨在关注定时器这一技术。另外，就这个例子而言，使用定时器的解决方案比基于过渡的方案要更加简单灵活。这个动画的重点在于 countup 函数（如第 A 行所示）。

```
function countUp(target){ // <-A
    var t = d3.timer(function(){ // <-B
        var value = countdown.attr("value");
        if( value == target ) {
            t.stop();
            return true;
        } // <-C
        countdown.attr("value", ++value); // <-D
    });
}
```

理解这段代码的关键在于 d3.timer 函数。

d3.timer(function, [delay], [mark])函数会启动一个自定义定时器函数，并且反复调用给定的函数，直到该函数返回 true 或定时器停止为止。在 D3 v4 版本之前，一旦计时开始，就没有办法让它停止下来，所以必须保证该函数会返回 true；但是在新版本中，定时器对象显式提供了一个 stop()函数。不过，我们仍然建议将其传递给定时器函数，在完成其任务之后要返回 true，具体见第 C 行。或者，可以设置一个延迟和标记点。该延迟从标记点开始，当未给定标记点时，默认使用 Date.now。

在这个实现代码里，每次调用定时器函数都会使得按钮上的数值加 1（见第 D 行），当按钮的值达到 100 时停止计时（见第 C 行）。

在 D3 过渡的内部实现中，使用了相同的计时器函数来生成动画。有读者也许会问，d3.timer 与使用动画帧之间有什么区别？答案是，在浏览器支持的情况下，d3.timer 函数实质上使用了动画帧，否则它将自动调用 setTimeout 函数，所以，读者根本不用担心自己的浏览器是否提供了相应的支持。

6.9.4 参考阅读

- 关于 d3.timer 的更多内容，可参见 API 链接 https://github.com/d3/d3-timer/blob/master/README.md#timer。

第7章 形状之美

本章涵盖以下内容：

- 创建简单形状
- 使用线条生成器
- 使用曲线
- 更改线条的张力
- 使用区域生成器
- 使用断面曲线
- 使用圆弧生成器
- 实现圆弧过渡

7.1 简介

SVG（可缩放矢量图形）是W3C（国际互联网标准组织）颁布的一种成熟标准，用于规范网络和移动平台上的交互式图形。如同HTML一样，SVG能够很好地与CSS、JavaScript等浏览器技术结合起来，成为众多网络应用的核心。在现今网络世界中，从数字地图到数据可视化，到处都可见SVG的身影。本书到目前为止大部分的示例都基于纯粹的HTML，然而在实际项目中，SVG已成为数据可视化约定俗成的标准；同时，它也是使D3可以真正绽放光芒的技术。本章将涉及SVG的基本概念以及如何使用D3生成SVG图形。事实上，SVG的话题本身非常丰富，也已经出现了许多专门介绍SVG的图书。不过本章并不会覆盖SVG的所有方面，而是将着重讨论其中与D3和数据可视化技术相关的特性。

什么是 SVG

顾名思义，SVG 与图形相关，它用可缩放的矢量来描述图形图像。SVG 有以下两大优点。

矢量

SVG 图像基于矢量而非像素。在基于像素点的方式下，图像由位图构成，位图以 x 轴和 y 轴为坐标轴，并用色彩填充。而基于矢量的图像由一组几何形状组成，这些形状由简单且相对的关系式来描述，并以特定纹理填充。可以想象，后者更加自然地贴合了数据可视化的需求。与像素填充的位图相比，使用 SVG 中的线、条形和圆形来可视化数据要简单得多。

可伸缩性

SVG 的第二个显著特性即可伸缩性。SVG 图形是一组由相对关系式描述的几何图形，这使得它在任意的尺寸和放大程度下也不会丢失精度。然而对于基于位图的图像而言，当它放大到一定程度时，会呈现像素化现象（pixelation），即每一个像素都变得单独可见。SVG 图像则不会有这个问题，如图 7-1 所示。

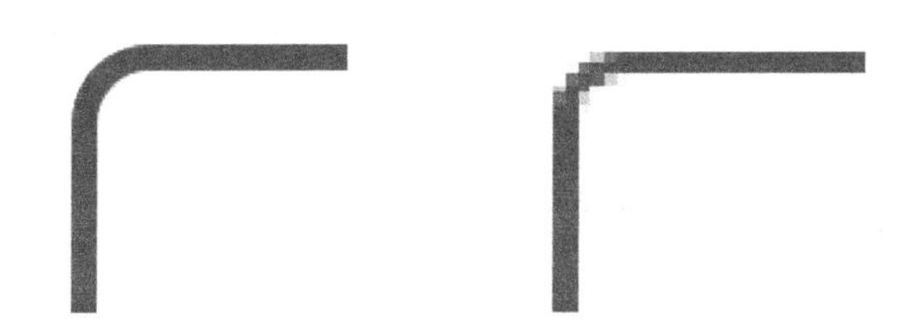

图 7-1　SVG 和位图像素化的对比

总之，SVG 为数据可视化提供了非常好的支持，它可以让图像在任意分辨率下呈现炫目效果，并且丝毫不会破坏最初的精彩创意。此外，SVG 还有一些其他的优势。

- 可读性：SVG 基于 XML—— 一种具有可读性的描述性语言来实现。
- 开放标准：SVG 由 W3C 组织创建，而且它不是一个专属商业标准。
- 应用广泛：所有的现代浏览器乃至移动平台都支持 SVG 标准。
- 互用性：SVG 能够与其他网络标准（例如 CSS 和 JavaScript），很好地结合，D3 本身就是这种能力的良好展示。
- 轻量：与基于位图的图像相比，SVG 更加轻量，占用空间更小。

基于上述优点，SVG 已经成为网络上数据可视化约定俗成的使用标准。从本章起，所有例子都将尽量使用 SVG，以彰显 D3 的实力。

一些旧的浏览器并不支持 SVG。如果你的目标用户还在使用这些浏览器，那么在决定你的项目是否使用 SVG 之前，首先要考虑 SVG 的兼容性问题。

7.2 创建简单形状

在本例中，我们将探索一些 SVG 内置形状的公式和属性。这些形状构建起来非常简单，因此在使用 D3 时，常常可以手动创建它们。虽然对于 D3 来说，这些简单形状并不是最常用的生成器，但在可视化过程中它们往往可以用来便捷地绘制外围图形。

7.2.1 准备工作

在浏览器中打开如下文件的本地副本：

https://github.com/NickQiZhu/d3-cookbook-v2/blob/master/src/chapter7/simple-shapes.html。

7.2.2 开始编程

在本例中，我们将使用 SVG 图形元素绘制 4 个颜色和形状各异的图形。

```
<script type="text/javascript">
    var width = 600,
        height = 500;

    var svg = d3.select("body").append("svg");

    svg.attr("height", height)
        .attr("width", width);

    svg.append("line") // <-A
        .attr("x1", 0)
        .attr("y1", 200)
        .attr("x2", 100)
```

```
        .attr("y2", 100);

    svg.append("circle") // <-B
        .attr("cx", 200)
        .attr("cy", 150)
        .attr("r", 50);

    svg.append("rect")
        .attr("x", 300) // <-C
        .attr("y", 100)
        .attr("width", 100) // <-D
        .attr("height", 100)
        .attr("rx", 5); // <-E

    svg.append("polygon")
        .attr("points", "450,200 500,100 550,200"); // <-F
</script>
```

上述代码将产生图 7-2 所示的图形效果。

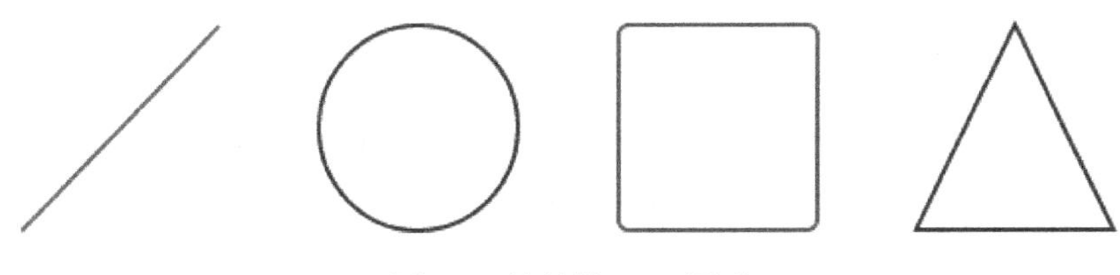

图 7-2　简单的 SVG 图形

7.2.3　工作原理

在本例中，我们使用 SVG 内置的图形元素绘制了一条直线、一个圆、一个矩形和一个三角形 4 种不同的图形。

有关 SVG 坐标系的小知识：
SVG 画布的坐标始于整个画布的左上角（0，0），止于右下角（<width>，<height>），即（画布的宽度，画布的高度）。

- line：直线元素（line element）创建一条起点位于（$x1$，$y1$）、终点位于（$x2$，$y2$）的线段（参见第 A 行）。

- circle：append()函数可以在画布上绘制一个圆心位于（cx，cy）、半径为 r 的圆（参见第 B 行）。
- rect：从第 C 行起，我们使用 append()函数绘制了一个左上角位于（*x*，*y*）、宽度和高度分别为 width 和 height 的矩形。在第 E 行，定义了一个在 *x* 轴方向长度和 *y* 轴方向长度分别为 rx、ry 的椭圆，这个椭圆将构成矩形的 4 个圆角。
- polygon：该元素代表一个多边形。它使用 points 属性对多边形的顶点进行了定义。points 属性是一个坐标列表，不同坐标之间以空格进行分隔。

```
svg.append("polygon")
    .attr("points", "450,200 500,100 550,200"); // <-F
```

所有的 SVG 图形都可以与 HTML 一样使用 CSS 进行修饰，或者直接使用 style 属性进行修饰。除此以外，还可以使用变换（transformation）和滤镜（filter）机制对 SVG 图形进行处理。但是，我们不会在本书中介绍 SVG 的所有细节。在本章接下来的内容中，我们着重介绍 D3 的 SVG 图形生成功能。

7.2.4 更多内容

除上述图形之外，SVG 还支持 ellipse（椭圆）和 ployline（折线）元素。由于这些元素与 circle 和 ploygon 非常类似，所以不再赘述。

D3 SVG 图形生成器

事实上，svg:path（路径）元素是 SVG 图形元素的“瑞士军刀”。它可以定义任意的图形边缘，并可以进行后续的填充、描边以及裁剪等处理。因此，仅用 svg:path 就可以生成到目前为止的所有图形。SVG 的路径功能非常强大，并且自己有一套精炼的语言和语法。用这种语言编写的代码会赋值给 svg:path 元素的 d 属性。这种语言包含如下命令。

- 移动到某一点：命令 M（绝对坐标）、m（相对坐标）将操作位置移动到点(x y)+。
- 闭合路径：命令 Z（绝对坐标）、z（相对坐标）将当前路径闭合。
- 连线到某一点：命令 L（绝对坐标）、l（相对坐标）将从当前操作点连线到(x y)+，命令 H（绝对坐标）、h（相对坐标）将水平连线到 x+，命令 V（绝对坐标）、v（相对坐标）将垂直连线到 y+。

- 三次贝塞尔曲线：命令 C（绝对坐标）、c（相对坐标）使用参数(x1 y1 x2 y2 x y)+绘制一条三次贝塞尔曲线，命令 S（绝对坐标）、s（相对坐标）使用参数(x2 y2 x y)+绘制曲线。
- 二次贝塞尔曲线：命令 Q（绝对坐标）、q（相对坐标）使用参数(x1 y1 x y)+绘制二次贝塞尔曲线，命令 T（绝对坐标）、t（相对坐标）使用参数(x y)+ 绘制曲线。
- 椭圆曲线：命令 A（绝对坐标）、a（相对坐标）使用当前的操作点以及参数（rx ry x-axis-rotation large-arc-flag sweep-flag x y）+绘制椭圆曲线。

直接使用这些晦涩的命令绘制路径可不太容易，因此，我们常常借助于一些编辑软件。（例如 Adobe Illustrator 或者 Inkscape）来生成这些图形。类似地，D3 也包含了一系列的 SVG 图形生成器函数来帮助生成数据驱动的路径。这种使用数据驱动的方式与 SVG 的强强联合是可视化领域一场真正意义上的革命。这也是本章要重点介绍的内容。

7.3 使用线条生成器

D3 的线条生成器可能是用途最广泛的生成器了。虽然我们称之为线条生成器，但是它实际上与 SVG 的 line 元素没有什么关系。事实上，它是使用 svg:path 元素实现的。D3 的线条生成器非常灵活，用它可以生成各种各样的图形。但是，为了简化图形的生成，D3 还提供了其他的图形生成器，我们将在稍后的例子中介绍。在本例中，我们用 d3.svg.line 生成器绘制多条数据驱动的线条。

7.3.1 准备工作

在浏览器中打开如下文件的本地副本：

https://github.com/NickQiZhu/d3-cookbook/blob/master/src/chapter7/line.html。

7.3.2 开始编程

让我们开始线条生成器的实战吧。

```
<script type="text/javascript">
    var width = 500,
        height = 500,
        margin = 50,
```

```
        x = d3.scaleLinear() // <-A
            .domain([0, 10])
            .range([margin, width - margin]),
        y = d3.scaleLinear() // <-B
            .domain([0, 10])
            .range([height - margin, margin]);

    var data = [ // <-C
         [
            {x: 0, y: 5},{x: 1, y: 9},{x: 2, y: 7},
            {x: 3, y: 5},{x: 4, y: 3},{x: 6, y: 4},
            {x: 7, y: 2},{x: 8, y: 3},{x: 9, y: 2}
        ],

        d3.range(10).map(function(i){
            return {x: i, y: Math.sin(i) + 5};
        })
    ];
var line = d3.line() // <-D
            .x(function(d){return x(d.x);})
            .y(function(d){return y(d.y);});

    var svg = d3.select("body").append("svg");

    svg.attr("height", height)
        .attr("width", width);

    svg.selectAll("path.line")
           .data(data)
       .enter()
           .append("path") // <-E
           .attr("class", "line")
           .attr("d", function(d){return line(d);}); // <-F

    // Axes related code omitted
    ...
</script>
```

上述代码将生成包括 *x* 和 *y* 坐标轴在内的多条直线，如图 7-3 所示。

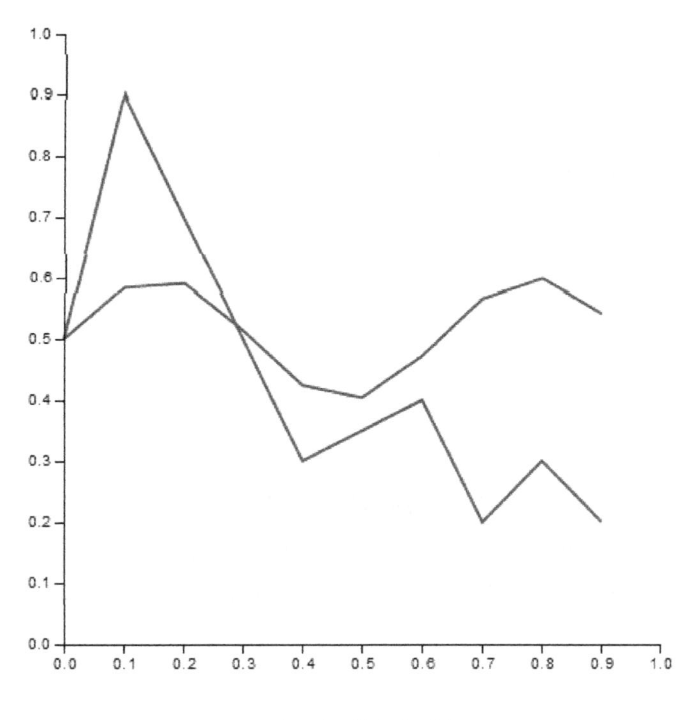

图 7-3 D3 线条生成器

7.3.3 工作原理

在本例中，我们使用一个二维数组作为数据绘制线条。

```
var data = [ // <-C
        [
            {x: 0, y: 5},{x: 1, y: 9},{x: 2, y: 7},
            {x: 3, y: 5},{x: 4, y: 3},{x: 6, y: 4},
            {x: 7, y: 2},{x: 8, y: 3},{x: 9, y: 2}
        ],

        d3.range(10).map(function(i){
            return {x: i, y: Math.sin(i) + 5};
        })
];
```

其中，第一个数据序列采用了明确定义的数据，第二个数据序列是通过一个函数生成的。这两种数据生成方法在数据可视化中非常常见。在数据定义完毕后，为了对其进行展示，我们分别定义了 x 坐标轴和 y 坐标轴的尺度。

```
x = d3.scaleLinear() // <-A .domain([0, 10]) .range([margin, width-
margin]), y = d3.scaleLinear() // <-B
                                .domain([0, 10]) .range([height-margin, margin]);
```

需要注意的是，我们要将这些尺度设置得尽量宽泛，以便包含两个数据序列中所有的点。在值域的声明中去掉了坐标轴与画布之间的边距，并且反转了 *y* 坐标轴的值域，以确保原点位于左下角，而不是 SVG 标准中定义的左上角。在数据和尺度设置完毕后，我们需要做的就是使用 d3.line 函数定义生成器来生成这些线条。

```
var line = d3.line() // <-D
            .x(function(d){return x(d.x);})
            .y(function(d){return y(d.y);});
```

d3.line 函数将返回一个 D3 线条生成器函数，我们可以对这个函数进行定制。在本例中，只是使用先前定义的 *x* 和 *y* 坐标轴的尺度进行数据的映射。这样做既方便，又是一个公认的最佳实践（因为它分离了关注点）。现在，我们要做的只剩下创建 svg:path 元素了。具体代码如下所示：

```
svg.selectAll("path.line")
            .data(data)
            .enter()
                .append("path") // <-E
                .attr("class", "line")
                .attr("d", function(d){return line(d);}); // <-F
```

在上面的代码中，创建路径的过程非常简单，在第 E 行，我们使用二维数据数组创建了两个 svg:path 元素，接着又用 line 线条生成器处理了数据中的每一个数据 d（作为函数的参数），并将生成的结果赋给每一个 path 元素的 d 属性。图 7-4 所示的截图展示了生成的 svg:path 元素。

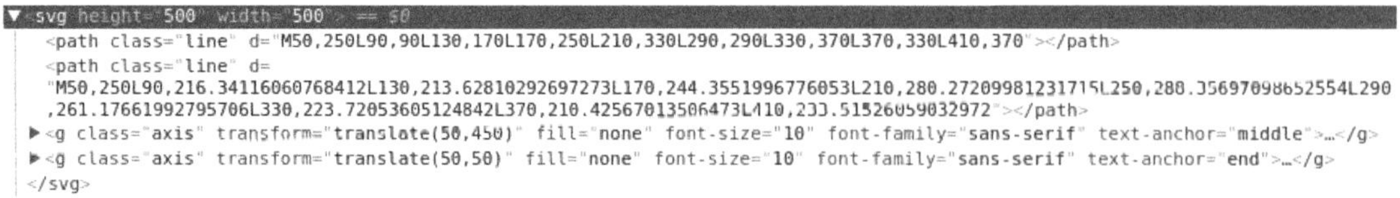

```
▼<svg height="500" width="500"> == $0
  <path class="line" d="M50,250L90,90L130,170L170,250L210,330L290,290L330,370L370,330L410,370"></path>
  <path class="line" d=
  "M50,250L90,216.34116060768412L130,213.62810292697273L170,244.3551996776053L210,280.27209981231715L250,288.35697098652554L290
  ,261.17661992795706L330,223.72053605124842L370,210.42567013506473L410,233.51526059032972"></path>
 ▶<g class="axis" transform="translate(50,450)" fill="none" font-size="10" font-family="sans-serif" text-anchor="middle">…</g>
 ▶<g class="axis" transform="translate(50,50)" fill="none" font-size="10" font-family="sans-serif" text-anchor="end">…</g>
</svg>
```

图 7-4　生成的 SVG 的 path 元素

最后，我们使用 *x*、*y* 坐标轴尺度生成两个坐标轴。鉴于本书的篇幅及本章的范围，我们将在随后的例子中忽略与坐标轴生成相关的代码。

7.3.4　参考阅读

- D3 坐标轴的详细信息，可参见本书第 5 章。

7.4　使用曲线

在默认情况下，D3 的线条生成器使用线性曲线模式。除此以外，D3 还支持其他的曲线工厂。曲线函数决定了如何连接两个数据点。例如，使用一条直线（线性函数）还是曲线（B 样条函数）进行连接。在本例中，我们将展示如何设置曲线模式以及不同曲线模式的效果。

7.4.1　准备工作

在浏览器中打开如下文件的本地副本：

https://github.com/NickQiZhu/d3-cookbook-v2/blob/master/src/chapter7/line-curve.html。

本例是在前一个例子的基础上完成的，因此如果读者还不熟悉线条生成器的基本使用方式，请首先回顾一下前面的例子。

7.4.2　开始编程

现在我们来看看如何使用不同的线条插值方式。

```
<script type="text/javascript">
var width = 500,
        height = 500,
        margin = 30,
        x = d3.scaleLinear()
            .domain([0, 10])
            .range([margin, width - margin]),
        y = d3.scaleLinear()
            .domain([0, 10])
            .range([height - margin, margin]);

    var data = [
```

```
    [
        {x: 0, y: 5},{x: 1, y: 9},{x: 2, y: 7},
        {x: 3, y: 5},{x: 4, y: 3},{x: 6, y: 4},
        {x: 7, y: 2},{x: 8, y: 3},{x: 9, y: 2}
    ],
    d3.range(10).map(function(i){
        return {x: i, y: Math.sin(i) + 5};
    })
];

var svg = d3.select("body").append("svg");

svg.attr("height", height)
    .attr("width", width);

renderAxes(svg);

render(d3.curveLinear);

renderDots(svg);

function render(mode){
    var line = d3.line()
            .x(function(d){return x(d.x);})
            .y(function(d){return y(d.y);})
            .curve(mode); // <-A

    svg.selectAll("path.line")
            .data(data)
        .enter()
            .append("path")
            .attr("class", "line");

    svg.selectAll("path.line")
            .data(data)
        .attr("d", function(d){return line(d);});
}

function renderDots(svg){ // <-B
    data.forEach(function(list){
        svg.append("g").selectAll("circle")
            .data(list)
        .enter().append("circle") // <-C
            .attr("class", "dot")
            .attr("cx", function(d) { return x(d.x); })
```

```
                .attr("cy", function(d) { return y(d.y); })
                .attr("r", 4.5);
        });
    }
// Axes related code omitted
...
</script>

<h4>Interpolation Mode:</h4>
<div class="control-group">
<button onclick="render(d3.curveLinear)">linear</button>
<button onclick="render(d3.curveLinearClosed)">linear closed</button>
<button onclick="render(d3.curveStepBefore)">step before</button>
<button onclick="render(d3.curveStepAfter)">step after</button>
<button onclick="render(d3.curveBasis)">basis</button>
<button onclick="render(d3.curveBasisOpen)">basis open</button>
</div>
...
```

上述代码将生成图 7-5 所示的图形，我们可以在其中改变插值模式。

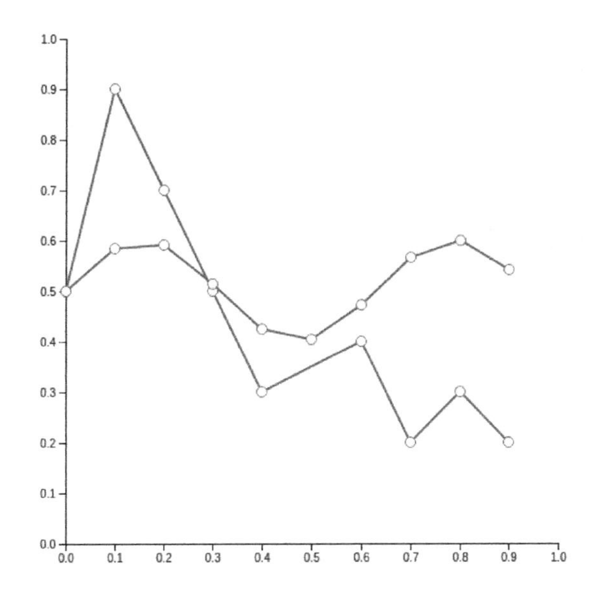

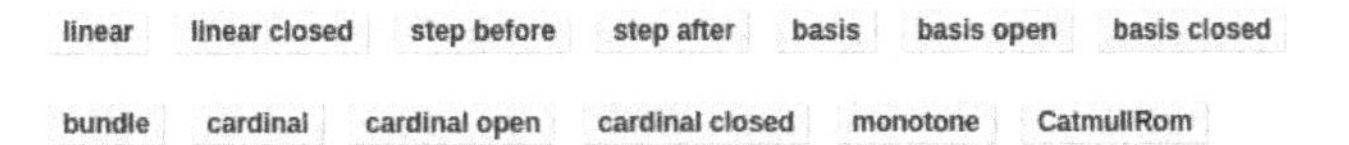

图 7-5　曲线

7.4.3 工作原理

本例与前一个例子大体相同。使用预先定义的数据生成了两条曲线。但是，在本例中允许用户选择线条插值模式。这个功能是在线条生成器上使用 interpolate 函数实现的（参见第 A 行），具体代码如下所示：

```
var line = d3.line()
                .x(function(d){return x(d.x);})
                .y(function(d){return y(d.y);})
                .curve(mode); // <-A
```

D3 支持以下的插值方式。

- d3.curveLinear：以直线段连接两点，即多线段。
- d3.curveLinearClosed：封闭线段，即多边形。
- d3.curveStepBefore：垂直方向和水平方向线段的交替，即阶梯函数。
- d3.curveStepAfter：水平方向和垂直方向线段的交替，即阶梯函数。
- d3.curveBasis：一个 B 样条曲线，曲线的起点、终点同时也是控制点。
- d3.curveBasisOpen：一个 B 样条曲线，曲线不与两端控制点相交。
- d3.curveBasisClosed：一个封闭的 B 样条曲线，即一个环。
- d3.curveBundle：与 B 样条曲线相同，但是带有额外的张力参数对曲线进行拉伸。
- d3.curveCardinal：一个基数样条曲线，曲线的起点、终点同时也是控制点。
- d3.curveCardinalOpen：一个基数样条曲线，曲线不与两端控制点相交，但与其他控制点相交。
- d3.curveCardinalClosed：一个封闭的基数样条曲线，即一个环。
- d3.curveMonotoneY：在 *y* 轴方向上保持单调性的三次插值算法。
- d3.curveCatmullRom：三次 Catmull-Rom 样条曲线。

在本例的 renderDots 函数中（参见 B 行），我们除了绘制曲线之外，还在每一个数据参考点上绘制了一个小的圆形。这些小的圆形是使用 svg:circle 元素创建的，具体可参见下列代码中的第 C 行。

```
function renderDots(svg){ // <-B
        data.forEach(function(set){
             svg.append("g").selectAll("circle")
                 .data(set)
             .enter().append("circle") // <-C
                 .attr("class", "dot")
                 .attr("cx", function(d) { return x(d.x); })
                 .attr("cy", function(d) { return y(d.y); })
                 .attr("r", 4.5);
        });
}
```

7.4.4 参考阅读

有关 D3 曲线工厂的完整详细列表和 API 文档，可参阅 https://github.com/d3/d3-shape#curves。

7.5 更改线条的张力

如果使用了基数样条插值（基数样条插值、开放基数样条插值或者封闭基数样条插值），则可以通过设置张力值对插值曲线进行进一步调整。本例将展示张力值是如何影响线条插值效果的。

7.5.1 准备工作

在浏览器中打开如下文件的本地副本：

https://github.com/NickQiZhu/d3-cookbook-v2/blob/master/src/chapter7/line-tension.html。

7.5.2 开始编程

下面，我们将展示如何更改线条张力值，以及该值如何影响线条的生成效果。

```
<script type="text/javascript">
    var width = 500,
        height = 500,
        margin = 30,
```

```
        duration = 500,
        x = d3.scaleLinear()
            .domain([0, 10])
            .range([margin, width - margin]),
        y = d3.scaleLinear()
            .domain([0, 1])
            .range([height - margin, margin]);

var data = d3.range(10).map(function(i){
            return {x: i, y: (Math.sin(i * 3) + 1) / 2};
        });

    var svg = d3.select("body").append("svg");

    svg.attr("height", height)
        .attr("width", width);

    renderAxes(svg);

    render(1);

    function render(tension){
        var line = d3.line()
                .curve(d3.curveCardinal.tension(tension)) // <-A
                .x(function(d){return x(d.x);})
                .y(function(d){return y(d.y);});

        svg.selectAll("path.line")
                .data([tension])
            .enter()
                .append("path")
                .attr("class", "line");

svg.selectAll("path.line")
                .data([tension])
            .transition().duration(duration)
                .ease(d3.easeLinear) // <-B
            .attr("d", function(d){
                return line(data); // <-C
            });

        svg.selectAll("circle")
            .data(data)
        .enter().append("circle")
            .attr("class", "dot")
```

```
            .attr("cx", function(d) { return x(d.x); })
            .attr("cy", function(d) { return y(d.y); })
            .attr("r", 4.5);
    }
// Axes related code omitted
    ...
</script>
<h4>Line Tension:</h4>
<div class="control-group">
<button onclick="render(0)">0</button>
<button onclick="render(0.2)">0.2</button>
<button onclick="render(0.4)">0.4</button>
<button onclick="render(0.6)">0.6</button>
<button onclick="render(0.8)">0.8</button>
<button onclick="render(1)">1</button>
</div>
```

上述代码将产生图 7-6 所示的基数样条曲线图，并可以进行张力调整。

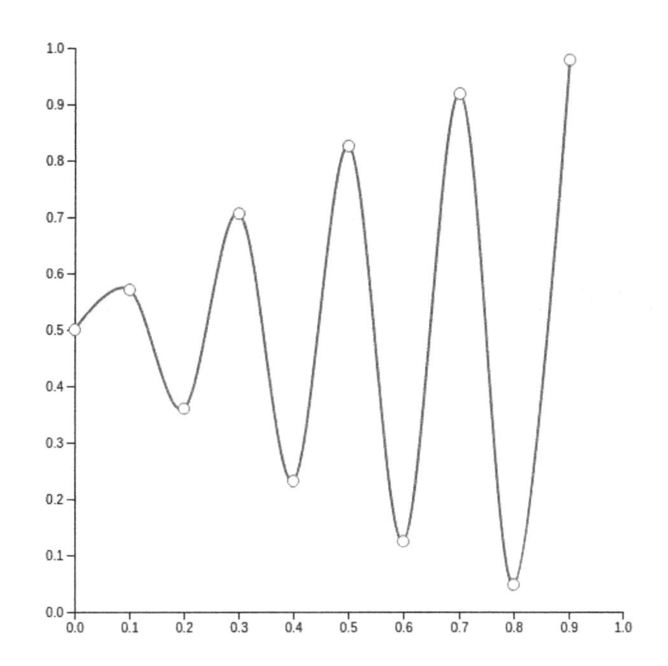

图 7-6　线条张力

7.5.3 工作原理

我们可以在线条生成器上调用 tension 函数，将基数样条插值的张力参数调整到 [0,1] 范围内的具体数值上（参见第 C 行）。

```
var line = d3.line()
                .curve(d3.curveCardinal.tension(tension)) // <-A
                .x(function(d){return x(d.x);})
                .y(function(d){return y(d.y);});
```

此外，在本例中我们在第 B 行使用了过渡效果以展示线条插值中张力变化带来的影响。实际上，基数样条曲线中的张力值决定了切线的长度。当张力值为 1 时，它相当于多线段；当张力值为 0 时，它相当于一致的 Catmull-Rom 样条。如果没有指定线条的张力值，则默认为 0.7。

7.6 使用区域生成器

在技术上使用 D3 的线条生成器可以生成任意的图形边界，但是即便有不同线条的支持，单纯使用线条绘制一个区域（像面积图中那样）也不是一个简单的任务。这也是 D3 除了线条生成器之外，还专门提供绘制区域图形的区域生成器的原因。

7.6.1 准备工作

在浏览器中打开如下文件的本地副本：

https://github.com/NickQiZhu/d3-cookbook-v2/blob/master/src/chapter7/area.html。

7.6.2 开始编程

在本例中，我们将在线条图中添加一个填充区域，并将其变为一个面积图。

```
<script type="text/javascript">
    var width = 500,
        height = 500,
        margin = 30,
```

```
    duration = 500,
    x = d3.scaleLinear() // <-A
        .domain([0, 10])
        .range([margin, width - margin]),
    y = d3.scaleLinear()
        .domain([0, 10])
        .range([height - margin, margin]);

var data = d3.range(11).map(function(i){ // <-B
        return {x: i, y: Math.sin(i)*3 + 5};
    });
var svg = d3.select("body").append("svg");

svg.attr("height", height)
    .attr("width", width);

renderAxes(svg);

render();

renderDots(svg);

function render(){
    var line = d3.line()
            .x(function(d){return x(d.x);})
            .y(function(d){return y(d.y);});

    svg.selectAll("path.line")
            .data([data])
        .enter()
            .append("path")
            .attr("class", "line");

    svg.selectAll("path.line")
            .data([data])
        .attr("d", function(d){return line(d);});

    var area = d3.area() // <-C
        .x(function(d) { return x(d.x); }) // <-D
        .y0(y(0)) // <-E
        .y1(function(d) { return y(d.y); }); // <-F

    svg.selectAll("path.area") // <-G
```

```
                .data([data])
            .enter()
                .append("path")
                .attr("class", "area")
                .attr("d", function(d){return area(d);}); // <-H
    }

    // Dots rendering code omitted

    // Axes related code omitted
    ...
</script>
```

上述代码将产生图 7-7 所示的图形。

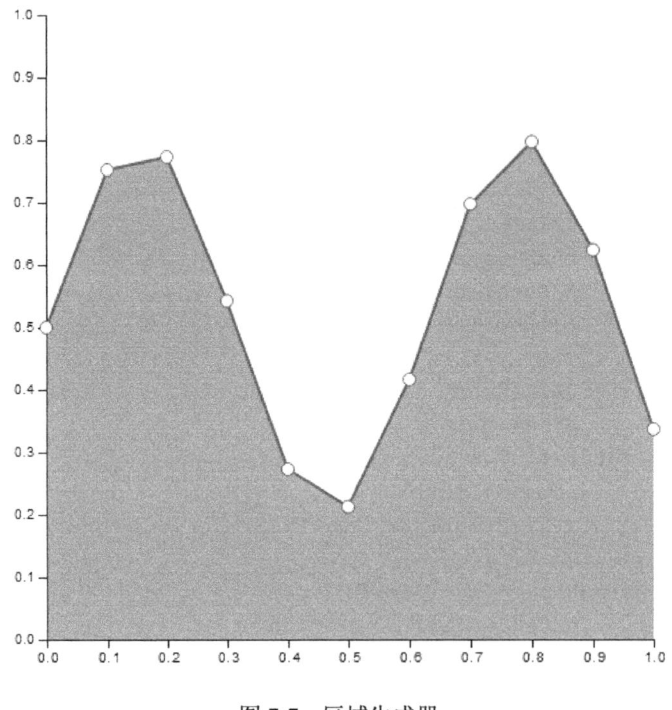

图 7-7　区域生成器

7.6.3　工作原理

与线条生成器的例子类似，本例中，我们分别在 x 和 y 轴上定义了两个尺度以进行数据映射（参见第 A 行）。具体代码如下所示：

```
    x = d3.scaleLinear() // <-A
        .domain([0, 10])
        .range([margin, width - margin]),
    y = d3.scaleLinear()
        .domain([0, 10])
        .range([height - margin, margin]);

var data = d3.range(11).map(function(i){ // <-B
        return {x: i, y: Math.sin(i)*3 + 5};
    });
```

在第 B 行，我们使用数学公式生成了数据，而后使用 d3.area 函数创建了一个区域生成器（参见第 C 行）。

```
var area = d3.area() // <-C
            .x(function(d) { return x(d.x); }) // <-D
            .y0(y(0)) // <-E
            .y1(function(d) { return y(d.y); }); // <-F
```

正如所见，D3 的区域生成器与线条生成器非常相似，都用于二维齐次坐标系（2Dhomogenous coordinate system）内。区域生成器的 *x* 函数用于定义该区域的 *x* 坐标序列（参见第 D 行），在本例中用先前定义的 *x* 尺度实现了该功能，即把数据映射到坐标轴上面。而对于 *y* 坐标，我们为区域生成器提供了两个访问函数，一个是对于图形下边界的定义（*y0*），另一个是图形上边界的定义（*y1*）。这与线条生成器的用法是不一样的。D3 区域生成器分别支持在 *x* 和 *y* 轴方向定义上下边界（*x0*、*x1*、*y0*、*y1*），如果上下边界一致，还可以直接使用 *x* 和 *y* 函数。当区域生成器定义完毕后，我们即可使用它来生成区域，具体方式与线条生成器大同小异。

```
svg.selectAll("path.area") // <-G
                .data([data])
            .enter()
                .append("path")
                .attr("class", "area")
                .attr("d", function(d){return area(d);}); // <-H
```

区域也是由 svg:path 元素实现的（参见第 G 行）。我们使用 D3 区域生成器将参数 d 转换为 svg:path 元素的“d”属性，参见第 H 行。

7.7 使用断面曲线

与 D3 的线条生成器类似，区域生成器也支持相同的插值模式，因此可以在任何插值模式下将区域生成器和线条生成器配合使用。

7.7.1 准备工作

在浏览器中打开如下文件的本地副本：

https://github.com/NickQiZhu/d3-cookbook-v2/blob/master/src/chapter7/area-curve.html。

7.7.2 开始编程

在本例中，我们将展示如何设置区域生成器的插值模式。这样我们可以用相应的插值线条生成匹配的区域。

```
var width = 500,
        height = 500,
        margin = 30,
        x = d3.scaleLinear()
            .domain([0, 10])
            .range([margin, width - margin]),
        y = d3.scaleLinear()
            .domain([0, 10])
            .range([height - margin, margin]);

    var data = d3.range(11).map(function(i){
        return {x: i, y: Math.sin(i)*3 + 5};
    });

    var svg = d3.select("body").append("svg");

    svg.attr("height", height)
        .attr("width", width);

    renderAxes(svg);
```

```
    render(d3.curveLinear);

    renderDots(svg);

    function render(mode){
        var line = d3.line()
                .x(function(d){return x(d.x);})
                .y(function(d){return y(d.y);})
                .curve(mode); // <-A

        svg.selectAll("path.line")
                .data([data])
            .enter()
                .append("path")
                .attr("class", "line");

        svg.selectAll("path.line")
                .data([data])
            .attr("d", function(d){return line(d);});

        var area = d3.area()
            .x(function(d) { return x(d.x); })
            .y0(y(0))
            .y1(function(d) { return y(d.y); })
            .curve(mode); // <-B

        svg.selectAll("path.area")
                .data([data])
            .enter()
                .append("path")
                .attr("class", "area")

        svg.selectAll("path.area")
            .data([data])
            .attr("d", function(d){return area(d);});
    }
// Dots and Axes related code omitted22
```

以上代码生成了可配置插值方式的区域图，如图 7-8 所示。

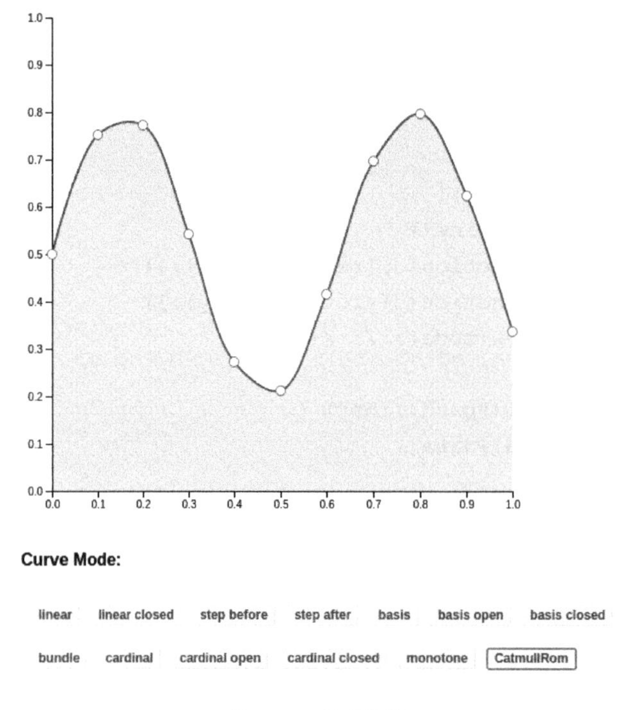

图 7-8　断面曲线

7.7.3　工作原理

本例与前一个例子相似，只是在本例中插值方式支持自定义。

```
var line = d3.line()
                .x(function(d){return x(d.x);})
                .y(function(d){return y(d.y);})
                .curve(mode); // <-A
var area = d3.area()
                .x(function(d) { return x(d.x); })
                .y0(y(0))
                .y1(function(d) { return y(d.y); })
                .curve(mode); // <-B
```

可以看出，曲线模式能够通过曲线函数同时设置线条生成器和区域生成器（参见第 A 和第 B 行）。D3 线条生成器和区域生成器对曲线工厂集的支持是相同的，因此可以使用它们生成匹配的线条和区域，如本例所示。

7.7.4 更多内容

D3 区域生成器也支持在基数样条插值模式下对张力进行设置。但是由于与线条生成器的使用相同，碍于本书篇幅，就不在这里涉及有关区域张力的相关内容了。

7.7.5 参考阅读

- 有关区域生成器的更多功能可参见 https://github.com/d3/d3/blob/master/API.md#arcs。

7.8 使用圆弧生成器

除了线条生成器和区域生成器之外，最常用的图形生成器还包括 D3 提供的圆弧生成器。有读者可能会问，SVG 不是已经提供 circle 元素了吗，那还不够吗？

对此问题的简单回答是“不够”。D3 的圆弧生成器比起简单的 svg:circle 来说更加通用。它不仅可以生成圆，而且还可以生成环（就像甜甜圈一样）、扇形以及圆环扇形。我们将在本例中展示这些内容。更重要的是，圆弧生成器可以生成一段任意角度的弧。

7.8.1 准备工作

在浏览器中打开如下文件的本地副本：

https://github.com/NickQiZhu/d3-cookbook-v2/blob/master/src/chapter7/arc.html。

7.8.2 开始编程

在本例中，我们将使用圆弧生成器生成多段圆、圆环、扇形以及圆环扇形。具体如下所示：

```
<script type="text/javascript">
    var width = 400,
        height = 400,
        fullAngle = 2 * Math.PI, // <-A
        colors = d3.scaleOrdinal(d3.schemeCategory20);
```

```
    var svg = d3.select("body").append("svg")
                .attr("class", "pie")
                .attr("height", height)
                .attr("width", width);

    function render(innerRadius, endAngle){
        if(!endAngle) endAngle = fullAngle;

        var data = [ // <-B
            {startAngle: 0, endAngle: 0.1 * endAngle},
            {startAngle: 0.1 * endAngle, endAngle: 0.2 * endAngle},
            {startAngle: 0.2 * endAngle, endAngle: 0.4 * endAngle},
            {startAngle: 0.4 * endAngle, endAngle: 0.6 * endAngle},
            {startAngle: 0.6 * endAngle, endAngle: 0.7 * endAngle},
            {startAngle: 0.7 * endAngle, endAngle: 0.9 * endAngle},
            {startAngle: 0.9 * endAngle, endAngle: endAngle}
    ];

    var arc = d3.arc().outerRadius(200) // <-C
                    .innerRadius(innerRadius);
    svg.select("g").remove();

    svg.append("g")
            .attr("transform", "translate(200,200)")
    .selectAll("path.arc")
            .data(data)
        .enter()
            .append("path")
                .attr("class", "arc")
                .attr("fill", function(d, i){
    return colors(i);
        })
                .attr("d", function(d, i){
                    return arc(d, i); // <-D
                });
    }

    render(0);
</script>

<div class="control-group">
<button onclick="render(0)">Circle</button>
```

```
<button onclick="render(100)">Annulus(Donut)</button>
<button onclick="render(0, Math.PI)">Circular Sector</button>
<button onclick="render(100, Math.PI)">Annulus Sector</button>
</div>
```

上述代码将生成一个圆形。读者可以通过单击按钮将其更改为圆环、扇形或者圆环扇形。例如，单击 Annulus（圆环）按钮将生成第二个图形。圆弧生成器生成的图形如图 7-9 所示。

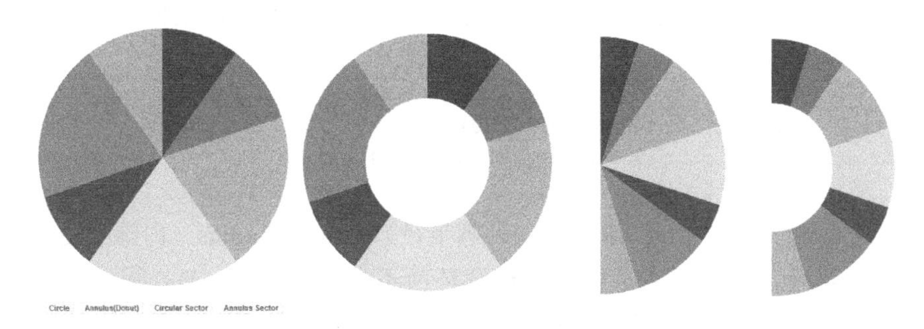

图 7-9　圆弧生成器

7.8.3　工作原理

理解 D3 圆弧生成器的关键是理解其数据结构。D3 圆弧生成器对其数据有特殊的要求，如第 B 行所示。

```
var data = [ // <-B
        {startAngle: 0, endAngle: 0.1 * endAngle},
        {startAngle: 0.1 * endAngle, endAngle: 0.2 * endAngle},
        {startAngle: 0.2 * endAngle, endAngle: 0.4 * endAngle},
        {startAngle: 0.4 * endAngle, endAngle: 0.6 * endAngle},
        {startAngle: 0.6 * endAngle, endAngle: 0.7 * endAngle},
        {startAngle: 0.7 * endAngle, endAngle: 0.9 * endAngle},
        {startAngle: 0.9 * endAngle, endAngle: endAngle}
];
```

每一行代表一个圆弧数据，每一个数据包含 startAngle 和 endAngle 两个命令字段。这些角变量的定义域为[0, 2 * Math.PI]（参见第 A 行）。D3 圆弧生成器使用这些角变量生成相应的图形片段。

除了起始角度和终止角度之外，实际上圆弧数据集还可以存放许多其他字段，以供 D3 圆弧生成器使用这些字段生成相应的图形片段。

如果读者认为依据手头拥有的数据计算这些圆弧的角度是一个大麻烦，那真是说对了。这也是为什么 D3 提供了特定的布局管理器来帮助我们计算这些角变量。关于这些内容，我们将在下一章进行介绍。目前，先理解背后的原理。这样，当介绍布局管理器，或者读者需要手工计算角变量值的时候，读者就知道应该如何着手了。D3 的圆弧生成器是由下面的 d3.arc 函数创建的：

```
var arc = d3.arc().outerRadius(200) // <-C
                    .innerRadius(innerRadius);
```

d3.arc 函数具有可选的 outerRadius（外圆半径）和 innerRadius（内圆半径）设置。如果设置了内圆半径，则圆弧生成器会生成圆环而不是圆。最后，D3 圆弧生成器也是用 svg:path 元素实现的，因此与线条生成器和区域生成器一样，可以调用 d3.arc 函数以生成 svg:path 元素的 d 属性。

```
svg.append("g")
            .attr("transform", "translate(200,200)")
    .selectAll("path.arc")
            .data(data)
        .enter()
            .append("path")
                .attr("class", "arc")
                .attr("fill", function(d, i){return colors(i);})
                .attr("d", function(d, i){
                    return arc(d, i); // <-D
                });
```

这里需要说明的另一个元素是 svg：g。该元素并不定义任何形状，而是用作对其他元素（在这种情况下为 path.arc 元素）进行分组的容器元素。应用于 g 元素的变换也会应用于所有子元素，如果其属性也遗传给其子元素的话。

7.8.4　参考阅读

有关圆弧生成器的更多功能可参见 https://github.com/d3/d3/blob/master/ API.md#_arcs。

7.9 实现圆弧过渡

圆弧的过渡效果与其他图形（例如直线和区域）大相径庭。之前我们只需要使用 D3 提供的过渡效果和插值效果就可以创建大部分图形，包括 SVG 内建的图形动画效果。但是，相同的做法对圆弧是行不通的。在本例中我们将探索圆弧过渡技术。

7.9.1 准备工作

在浏览器中打开如下文件的本地副本：

https://github.com/NickQiZhu/d3-cookbook-v2/blob/master/src/chapter7/arc-transition.html。

7.9.2 开始编程

在本例中，我们将圆环中的每一个片段从 0 开始旋转到其组成一个完整的圆环。

```
<script type="text/javascript">
    var width = 400,
            height = 400,
            endAngle = 2 * Math.PI,
            colors = d3.scaleOrdinal(d3.schemeCategory20c);

    var svg = d3.select("body").append("svg")
            .attr("class", "pie")
            .attr("height", height)
            .attr("width", width);

    function render(innerRadius) {

        var data = [
            {startAngle: 0, endAngle: 0.1 * endAngle},
            {startAngle: 0.1 * endAngle, endAngle: 0.2 * endAngle},
            {startAngle: 0.2 * endAngle, endAngle: 0.4 * endAngle},
            {startAngle: 0.4 * endAngle, endAngle: 0.6 * endAngle},
            {startAngle: 0.6 * endAngle, endAngle: 0.7 * endAngle},
            {startAngle: 0.7 * endAngle, endAngle: 0.9 * endAngle},
            {startAngle: 0.9 * endAngle, endAngle: endAngle}
```

```
        ];

        var arc = d3.arc()
                .outerRadius(200).innerRadius(innerRadius);

        svg.select("g").remove();

        svg.append("g")
            .attr("transform", "translate(200,200)")
            .selectAll("path.arc")
                .data(data)
            .enter()
                .append("path")
                .attr("class", "arc")
                .attr("fill", function (d, i) {
                    return colors(i);
                })
                .transition().duration(1000)
                .attrTween("d", function (d) {
                var start = {startAngle: 0, endAngle: 0}; // <-A
                var interpolate = d3.interpolate(start, d); // <-B
                return function (t) {
                    return arc(interpolate(t)); // <-C
                };
            });
    }

    render(100);
</script>
```

上述代码将旋转每一个小的圆弧段，最终组成一个完整的圆环，如图 7-10 所示。

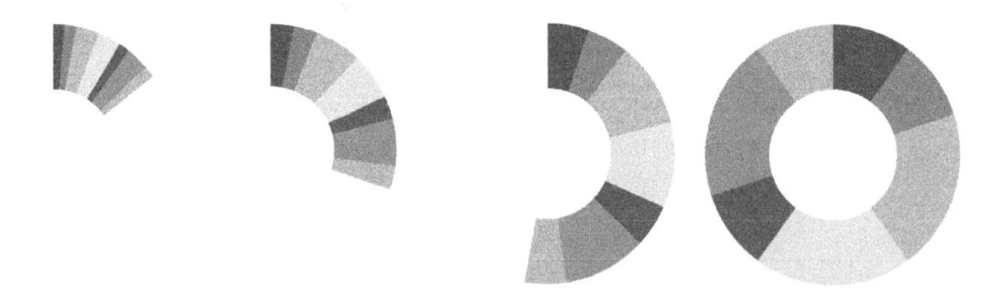

图 7-10　圆弧渐变过渡

7.9.3　工作原理

在面对这样一个过渡需求的时候，我们的第一反应是使用 D3 内置的过渡效果来实现（就像在插值例子中那样）。以下的代码展示了这种做法：

```
svg.append("g")
        .attr("transform", "translate(200,200)")
        .selectAll("path.arc")
            .data(data)
        .enter()
            .append("path")
            .attr("class", "arc")
            .attr("fill", function (d, i) {
                return colors(i);
            })
            .attr("d", function(d){
                return arc({startAngle: 0, endAngle: 0});
            })
            .transition().duration(1000)
            .attr("d", function(d){return arc(d);});
```

初始情况下，代码将每一个片段的 startAngle（起始角）和 endAngle（终止角）都设置为 0。然后，在过渡效果中，我们使用 arc(d)对路径的 d 属性用插值的方式将每一个片段变换到其最终角度。这种做法看起来没有什么问题，但是其过渡效果却如图 7-11 所示。

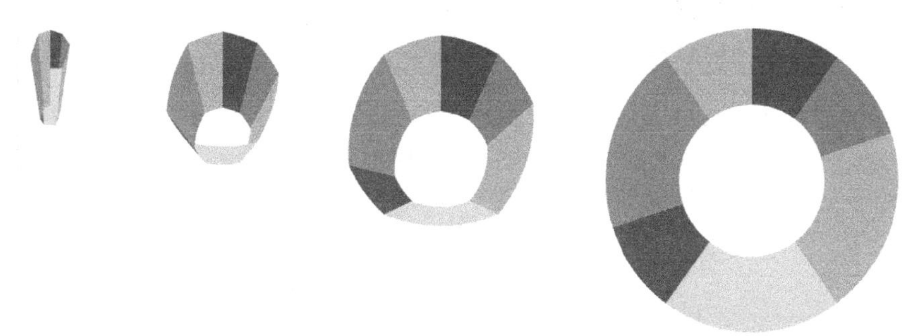

图 7-11　不使用渐变的圆弧过渡效果

这显然不是我们期望的动画效果。其原因是我们创建的过渡效果直接作用于 svg:path 的 d 属性，即令 D3 直接对文本进行插值，使其从

```
d="M1.2246063538223773e-14,-200A200,200 0 0,1 1.2246063538223773e-
```

```
14,-200L6.123031769111886e-15,-100A100,100 0 0,0
6.123031769111886e-15,-100Z"
```

线性地过渡到字符串

```
d="M1.2246063538223773e-14,-200A200,200 0 0,1 117.55705045849463,-
161.80339887498948L58.778525229247315,-80.90169943749474A100,100 0
0,0 6.123031769111886e-15,-100Z"
```

因此就会造成奇怪的过渡效果。

虽然这个过渡效果并不是我们希望的，但是这仍然能够体现 D3 过渡效果的灵活与强大。

为了达到希望的过渡效果，我们应当使用 D3 提供的属性渐变（对于渐变的详细描述，可参见 6.5 节）。

```
svg.append("g")
        .attr("transform", "translate(200,200)")
        .selectAll("path.arc")
            .data(data)
        .enter()
            .append("path")
            .attr("class", "arc")
            .attr("fill", function (d, i) {
                return colors(i);
            })
            .transition().duration(1000)
            .attrTween("d", function (d) { // <-A
                var start = {startAngle: 0, endAngle: 0}; // <-B
                var interpolate = d3.interpolate(start, d); // <-C
                return function (t) {
                    return arc(interpolate(t)); // <-D
                };
            });
```

此次我们并不直接对 svg:path 的 d 属性进行过渡，而是在第 A 行创建一个渐变函数。之前提到过，D3 的 attrTween 函数使用一个工厂函数作为渐变函数。在这里，我们首先将初始渐变值设置为 0 弧度（参见第 B 行）。接下来在第 C 行创建一个复合对象插值器，这个插值器将渐变应用到每一个片段的开始角和结束角上。最后在第 D 行，使用圆弧生成器生成最终的 svg:path 路径公式。这就是使用自定义属性渐变创建平滑的圆弧旋转过渡效果的方法。

7.9.4　更多内容

D3 也提供了其他的图形生成器，如符号生成器、弦生成器和斜线生成器。由于篇幅所限，就不在此一一说明了。但是我们会在稍后章节中使用它们生成更加复杂的图形。重要的是，理解了这些基本的图形生成器的原理之后，我们应该就可以毫不费力地使用其他图形生成器了。

7.9.5　参考阅读

对于过渡和渐变的详细信息可参见第 6 章。

第 8 章 图表美化

本章涵盖以下内容：

- 创建线图
- 创建面积图
- 创建散点图
- 创建气泡图
- 创建条形图

8.1 简介

从现在起，我们将会把注意力转向最古老、最值得信赖的数据可视化组件——图表。图表是一种定义良好且表现力极强的数据展现方式。以下定义很好地阐述了这个观点。

（图表中的）数据通过符号来展示，如条形图中的条形、线图中的线条或者饼图中的块。

——C. Jensen 与 L. Anderson（1991 年）

图表具备良好的图形语义和语法，这使得它们简洁易懂，这样阅读者的注意力也可以更多地集中在数据以及图形信息上。在本章中，我们不仅将介绍一些常用的图表类型，而且还将演示如何把所学到的各种主题和技术结合起来，通过 D3 制作出时尚、互动的图表。

本章中的示例代码相对较长，这是因为我们希望向读者展示如何实现功能完善并且可重用的图表。除此之外，为了得到更好的学习效果，强烈建议读者在阅读本章时打开文本编辑器和浏览器，实时对比不同代码产生的不同效果。

D3 图表约定

在使用 D3 开始创建第一个图表前，需要先介绍一些社区公认的约定，以保证代码的可用性。否则，费心费力创建的代码库不仅帮不到用户，反而有可能给他们制造麻烦。

众所周知，多数的 D3 图表是通过 SVG 而非 HTML 来实现的，不过，我们这里所用到的约定同样适用于基于 HTML 的图表，虽然它们的实现方式会略有不同。

我们先来看看图 8-1。

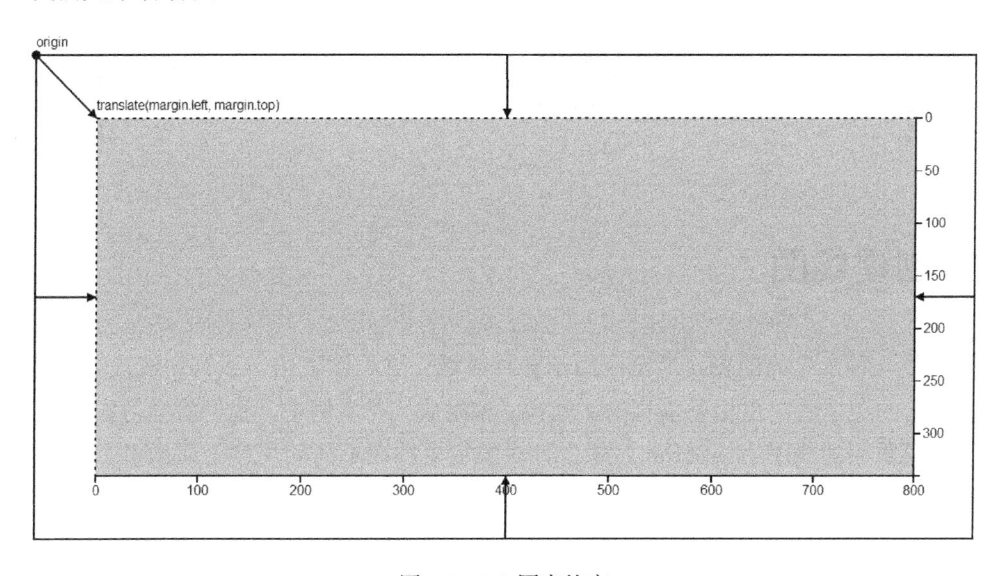

图 8-1　D3 图表约定

图中，SVG 图的原点 (0,0) 位于左上角，这点与通常做法一致，而更需要关注的是图表边距的定义以及坐标轴的放置方式。

- 边距：首先，我们来看看该约定中最重要的部分——边距。可以看到，每个图表都包含左边距、右边距、上边距和下边距 4 种边距。一个灵活的图表实现，应支持用户对这 4 种边距进行独立设定，在稍后的例子中我们将介绍其实现方法。

- 坐标变换：其次，该约定建议图表主体（灰色区域）部分的坐标应当使用 SVG 坐标变换 translate(margin.left, margin.top)进行定义，以便将图表主体放置在合适的位置。这种做法的另一个好处是将图表主体内的坐标变成了一个相对坐标，这样一来，在图表主体内创建子元素时可以完全忽略边距等因素，从而使代码得到简化。任何位于图表主体内部的子元素，其原点(0,0)都在图表主体的左上角。
- 坐标轴：这个约定的最后部分指明了如何放置图表的坐标轴。正如图 8-1 所示，图表的坐标轴位于图表的边距区域内部而非图表主体内部。这样，坐标轴变成了图表的外围元素而不再影响主体的实现。这种设计使渲染逻辑相对独立，并具有更好的可重用性。

现在，让我们利用之前学到的知识和方法来创建第一个可重用的 D3 图表吧！

要查看作者对上述约定的解释，可访问网址 http://bl.ocks.org/ mbostock/ 3019563。

8.2 创建线图

线图是一种常见的图表，广泛应用于多种领域。这种图表由一系列用线段连接的数据点组成。它的边框通常由相互垂直的 x 轴和 y 轴组成。在本例中，我们将学习如何使用 D3 实现一个可重用的线图 JavaScript 对象。该对象将支持在不同的尺度上显示多个数据系列，并可以动态地展示数据的变化。

8.2.1 准备工作

在浏览器中打开如下文件的本地副本：

```
https://github.com/NickQiZhu/d3-cookbook-v2/blob/master/src/chapter8/line-chart.html。
```

在阅读本章示例代码的同时，强烈建议读者参阅相关源代码。

8.2.2　开始编程

我们先来看一下线图的实现代码。由于篇幅限制，下面只列出了代码的大纲，稍后再对细节进行解释。

```
<script type="text/javascript">
// First we define the chart object using a functional object

function lineChart() { // <-1A
    ...
    // main render function
    _chart.render = function () { // <-2A
    ...
    };

    // axes rendering function
    functionrenderAxes(svg) {
        ...
    }
    ...
    // function to render chart body
    function renderBody(svg) { // <-2D
    ...
    }

    // function to render lines
    function renderLines() {
    ...
    }

    // function to render data points
    function renderDots() {

    }

    return _chart; // <-1E
}
```

这段代码的运行效果如图 8-2 所示。

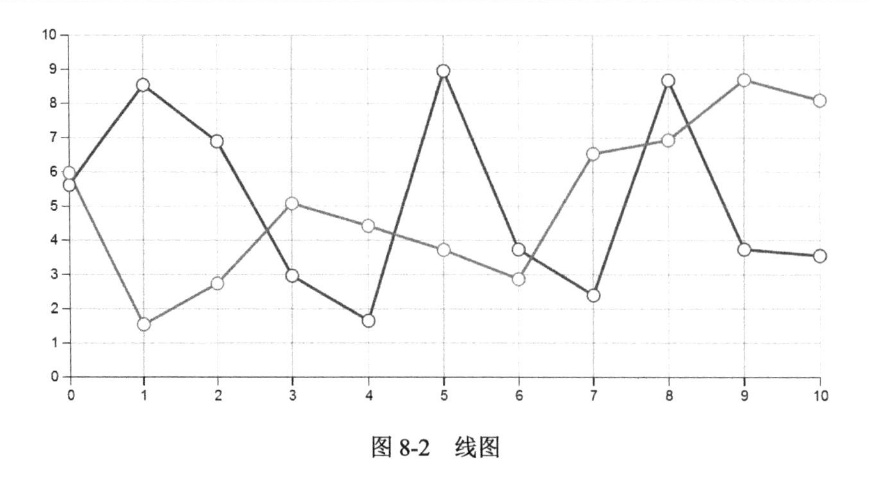

图 8-2 线图

8.2.3 工作原理

这段代码理解起来稍有难度，因此我们会从不同的方面分别进行说明。

图表对象和属性

首先，我们来研究一下如何创建图表对象以及如何获得、改变其属性值。具体代码如下所示：

```
function lineChart() { // <-1A
        var _chart = {};

        var _width = 600, _height = 300, // <-1B
            _margins = {top: 30, left: 30, right: 30, bottom: 30},
            _x, _y,
            _data = [],
            _colors = d3.scaleOrdinal(d3.schemeCategory10),
            _svg,
            _bodyG,
            _line;

        ...

        _chart.width = function (w) {
            if (!arguments.length) return _width;
            _width = w;
            return _chart;
        };
```

```
        _chart.height = function (h) { // <-1C
            if (!arguments.length) return _height;
            _height = h;
            return _chart;
        };

        _chart.margins = function (m) {
            if (!arguments.length) return _margins;
            _margins = m;
            return _chart;
        };

        ...

        _chart.addSeries = function (series) { // <-1D
            _data.push(series);
            return _chart;
        };

        return _chart; // <-1E
}

...

var chart = lineChart()
            .x(d3.scaleLinear().domain([0, 10]))
            .y(d3.scaleLinear().domain([0, 10]));

data.forEach(function (series) {
    chart.addSeries(series);
});

chart.render();
```

我们在第 1A 行处使用 lineChart 函数定义了一个图表对象，正如在 1.4 节中所提到的。利用函数式对象提供的强大灵活性以及信息隐藏的能力，我们可以定义一些以下画线开头的内部属性（参见第 1B 行）。包括以下属性在内的一些内部属性提供了外部访问接口（参见第 1C 行）。

- width：SVG 图表总宽度（像素）。
- height：SVG 图表总高度（像素）。

- margins：图表边距。
- colors：图表有序颜色尺度，用来区分不同数据序列。
- x：*x* 坐标轴尺度。
- y：*y* 坐标轴尺度。

如第 1 章所述，getter 和 setter 函数存在于同一个访问函数中。当没有参数传入的时候，getter 被调用；当传入一个参数的时候，setter 被调用（如第 1C 行所示）。lineChart 函数及其访问函数都会返回一个图表实例，因此它也支持级联调用。最后，图表对象提供了一个 addSeries 函数，该函数会将一个数据数组压入一个内部数据 s 存储数组中（_data），如第 1D 行所示。

图表主体的渲染

下一步我们将进入另一个部分——图表主体的 svg:g 元素渲染，以及裁剪路径的生成。

```
_chart.render = function () { // <-2A
  if (!_svg) {
    _svg = d3.select("body").append("svg") // <-2B
      .attr("height", _height)
      .attr("width", _width);

    renderAxes(_svg);

    defineBodyClip(_svg);
  }

  renderBody(_svg);
};
...
function defineBodyClip(svg) { // <-2C
  var padding = 5;

  svg.append("defs")
    .append("clipPath")
    .attr("id", "body-clip")
    .append("rect")
    .attr("x", 0 - padding)
    .attr("y", 0)
    .attr("width", quadrantWidth() + 2 * padding)
    .attr("height", quadrantHeight());
```

```
  }

function renderBody(svg) { // <-2D
  if (!_bodyG)
    _bodyG = svg.append("g")
      .attr("class", "body")
      .attr("transform", "translate("
        + xStart() + ","
        + yEnd() + ")") // <-2E
      .attr("clip-path", "url(#body-clip)");

  renderLines();

  renderDots();
}
...
```

render 函数（参见第 2A 行）创建了 svg:svg 元素，并且设置了它的宽度（width）和高度（height），如第 2B 行所示。之后，它创建了 svg:clipPath 元素，该元素用于限制绘图区域。在本例中，我们用它来限制点和线的绘图区域（仅限于图表区域）。这段代码定义的图表主体具有如下的 SVG 结构：

```
▼<svg height="300" width="600">
  ▶<g class="axes">…</g>
  ▼<defs>
    ▶<clippath id="body-clip">…</clippath>
    </defs>
  ▶<g class="body" transform="translate(30,30)" clip-path="url(#body-clip)">…</g>
  </svg>
```

第 2D 行中定义的 renderBody 函数生成了 svg:g 元素，该元素包含了图表主体中的所有元素。根据先前介绍的图表边距约定，我们在第 2E 行对 svg:g 元素进行了坐标变换。

渲染坐标轴

坐标轴的渲染通过 renderAxes 函数来实现，如第 3A 行所示。

```
function renderAxes(svg) { // <-3A
    varaxesG = svg.append("g")
                    .attr("class", "axes");

    renderXAxis(axesG);

    renderYAxis(axesG);
}
```

如前面章节所述，*x* 轴和 *y* 轴都会在图表边距区域内进行渲染。在第 5 章中我们已经介绍了相关内容，这里不再赘述。

渲染数据序列

到目前为止，所涉及的概念并不局限于线图，它适用于所有基于笛卡儿坐标系的图表。在本例的最后，我们将展示如何为不同的数据序列生成线段和点。首先，我们一起观察一下数据序列的渲染代码。

```
function renderLines() {
        _line = d3.line() //<-4A
                        .x(function (d) { return _x(d.x); })
                        .y(function (d) { return _y(d.y); });

        var pathLines = _bodyG.selectAll("path.line")
                    .data(_data);

        pathLines
                .enter() //<-4B
                    .append("path")
                .merge(pathLines)
                    .style("stroke", function (d, i) {
                        return _colors(i); //<-4C
                    })
                    .attr("class", "line")
                .transition() //<-4D
                    .attr("d", function (d) {
                                return _line(d);
                    });
}

function renderDots() {
    _data.forEach(function (list, i) {
        var circle = _bodyG.selectAll("circle._" + i) //<-4E
                .data(list);

        circle.enter()
                .append("circle")
            .merge(circle)
                .attr("class", "dot _" + i)
                .style("stroke", function (d) {
                    return _colors(i); //<-4F
```

```
                })
            .transition() //<-4G
                .attr("cx", function (d) { return _x(d.x); })
                .attr("cy", function (d) { return _y(d.y); })
                .attr("r", 4.5);
    });
}
```

线段和点的生成使用了第 7 章提及的方法。我们在第 4A 行使用 d3.line 生成器为每一个数据序列创建 svg:path 元素。在第 4B 行，使用进入和更新模式创建数据线段。第 4C 行根据线条的序号为每一条线设置了不同的颜色。最后，第 4E 行在更新模式下设置了过渡样式以便在更新时平滑地移动线条。renderDots 函数使用类似的渲染逻辑生成一系列 svg:circle 元素来代表每个数据点（如第 4E 行所示），并根据数据序列自身的序号进行颜色的调整（如第 4F 行所示）。最后，我们在第 4G 行为其添加了过渡效果。这样，在数据更新时，点都会随着线条一起移动。

正如本例所示，创建一个可重用的图表组件其实包含很多工作。但是，超过 2/3 的代码都用于创建外围的图形元素以及访问这些元素的方法。因此，在实际项目中，可以将这些重复逻辑抽出来复用于其他图表中。为了降低复杂度，并更快地了解图表渲染的各个方面，在本例中我们并没有使用这种方式。受本书篇幅的限制，后续章节将略去所有外围图形元素的渲染逻辑，而只关注于图表渲染的核心逻辑。如果需要仔细考察外围图形元素的渲染逻辑，那么可以直接跳过本例而去仔细研究本章后面的示例代码。

8.3　创建面积图

面积图表（或者面积图）与线图十分相似，在很大程度上它的实现是基于线图的。二者的最大区别在于，在面积图中轴和线之间的区域会用颜色或纹理进行填充。本例中，我们将对面积图中的分层面积图进行研究。

8.3.1　准备工作

在浏览器中打开如下文件的本地副本：

`https://github.com/NickQiZhu/d3-cookbook-v2/blob/master/src/chapter8/area-chart.html`。

8.3.2 开始编程

因为面积图的实现在很大程度上是基于线图的实现，其外围元素（例如轴、剪切路径等）都是相同的，所以在本例中只介绍面积图实现的核心代码。

```
...

function renderBody(svg) {
        if (!_bodyG)
            _bodyG = svg.append("g")
                    .attr("class", "body")
                    .attr("transform", "translate("
                        + xStart() + ","
                        + yEnd() + ")")
                    .attr("clip-path", "url(#body-clip)");

        renderLines();

        renderAreas();

        renderDots();
    }

    function renderLines() {
        _line = d3.line()
                        .x(function (d) { return _x(d.x); })
                        .y(function (d) { return _y(d.y); });

        var pathLines = _bodyG.selectAll("path.line")
                .data(_data);

        pathLines.enter()
                    .append("path")
                .merge(pathLines)
                    .style("stroke", function (d, i) {
                        return _colors(i);
                    })
                    .attr("class", "line")
                .transition()
                    .attr("d", function (d) { return _line(d); });
    }
```

```
    function renderDots() {
        _data.forEach(function (list, i) {
            var circle = _bodyG.selectAll("circle._" + i)
                    .data(list);
            circle.enter()
                    .append("circle")
                .merge(circle)
                    .attr("class", "dot _" + i)
                    .style("stroke", function (d) {
                        return _colors(i);
                    })
                .transition()
                    .attr("cx", function (d) { return _x(d.x); })
                    .attr("cy", function (d) { return _y(d.y); })
                    .attr("r", 4.5);
        });
    }

    function renderAreas() {
        var area = d3.area() // <-A
                    .x(function(d) { return _x(d.x); })
                    .y0(yStart())
                    .y1(function(d) { return _y(d.y); });

        var pathAreas = _bodyG.selectAll("path.area")
                .data(_data);

        pathAreas.enter() // <-B
                .append("path")
            .merge(pathAreas)
                .style("fill", function (d, i) {
                    return _colors(i);
                })
                .attr("class", "area")
            .transition() // <-D
                .attr("d", function (d) {
                    return area(d); // <-E
                });
    }
...
```

这段代码的运行效果如图 8-3 所示。

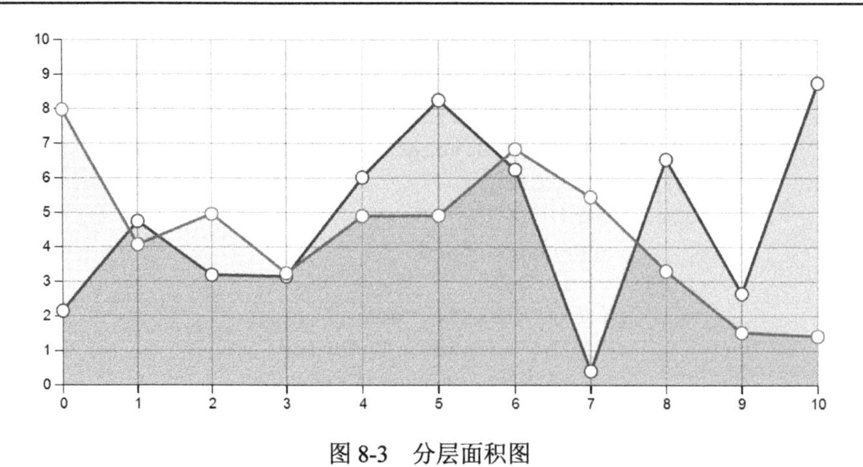

图 8-3 分层面积图

8.3.3 工作原理

就像前面提到的那样，面积图基于线图，因此它们的大部分实现是相同的。面积图与线图一样需要渲染线和点，而最大的不同在于 renderAreas 函数的实现。本例的代码主要用到了第 7 章的知识。在第 A 行，我们使用 d3.area 函数创建了一个上边界为数据序列的线条、下边界（$y0$）为 x 轴的区域生成器。

```
var area = d3.area() // <-A
  .x(function(d) { return _x(d.x); })
  .y0(yStart())
  .y1(function(d) { return _y(d.y); });
```

之后，使用进入和更新模式来创建并更新面积区域。在第 B 行的进入模式中，我们为每一个数据序列创建一个 svg:path 元素。在第 B2 行，我们使用 pathAreas.enter()函数合并 pathAreas，因此，后面的代码都可以使用进入和更新模式。并且，由于所有区域都是按照序号为其上色的，因此，它们具有与相应线条、点一致的颜色（如第 C 行所示）。

```
Var pathAreas = _bodyG.selectAll("path.area")
              .data(_data);

pathAreas.enter() // <-B
.append("path")
.merge(pathAreas) // <-B2
.style("fill", function (d, i) {
    return _colors(i); // <-C
  })
```

```
    .attr("class", "area")
  .transition() // <-D
    .attr("d", function (d) {
          return area(d); // <-E
    });
```

区域创建与更新完成后，我们使用过渡效果（如第D行所示）来更新svg:path元素的d属性，以生成期望的区域形状（如第E行所示）。在线图中，当数据更新时，点和线的位置都会进行更新，因而面积图的区域也会随着图表中的点和线一起变换。

最后，我们为path.area添加了CSS样式来提升其透明度，从而使其更有层次地展现数据。

```
.area {
  stroke: none;
  fill-opacity: .2;
}
```

8.4　创建散点图

散点图又称分布图，是笛卡儿坐标系下另一类常见的用于展示二维数据的图表。该图表特别适于展示传播、聚集和分类问题。在本例中，我们将学习如何使用D3实现多序列散点图。

8.4.1　准备工作

在浏览器中打开如下文件的本地副本：

https://github.com/NickQiZhu/d3-cookbook-v2/blob/master/src/chapter8/scatterplot-chart.html。

8.4.2　开始编程

散点图也使用笛卡儿坐标系，因此，散点图的大部分实现与之前的图表相同，为了节省篇幅，我们将不再重复外围图形的实现逻辑。如果要了解完整的实现，可参阅我们的代码库。下面，给出本例的具体代码。

```
...

_symbolTypes = d3.scaleOrdinal() // <-A
```

```
                    .range([d3.symbolCircle,
                            d3.symbolCross,
                            d3.symbolDiamond,
                            d3.symbolSquare,
                            d3.symbolStar,
                            d3.symbolTriangle,
                            d3.symbolWye
                    ]);
...

function renderBody(svg) {
    if (!_bodyG)
        _bodyG = svg.append("g")
            .attr("class", "body")
            .attr("transform", "translate("
                            + xStart() + ","
                            + yEnd() + ")")
            .attr("clip-path", "url(#body-clip)");

            renderSymbols();
}

function renderSymbols() { // <-B
    _data.forEach(function (list, i) {
        var symbols = _bodyG.selectAll("path._" + i)
                        .data(list);

        symbols.enter()
                .append("path")
            .merge(symbols)
                .attr("class", "symbol _" + i)
                .classed(_symbolTypes(i), true)
            .transition() // <-C
                .attr("transform", function(d){
                            return "translate(" // <-D
                                    + _x(d.x)
                                    + ","
                                    + _y(d.y)
                                    + ")";
                })
                .attr("d",
                        d3.symbol() // <-E
                            .type(_symbolTypes(i))
```

```
                );
        });
    }
    ...
```

这段代码的运行效果如图 8-4 所示。

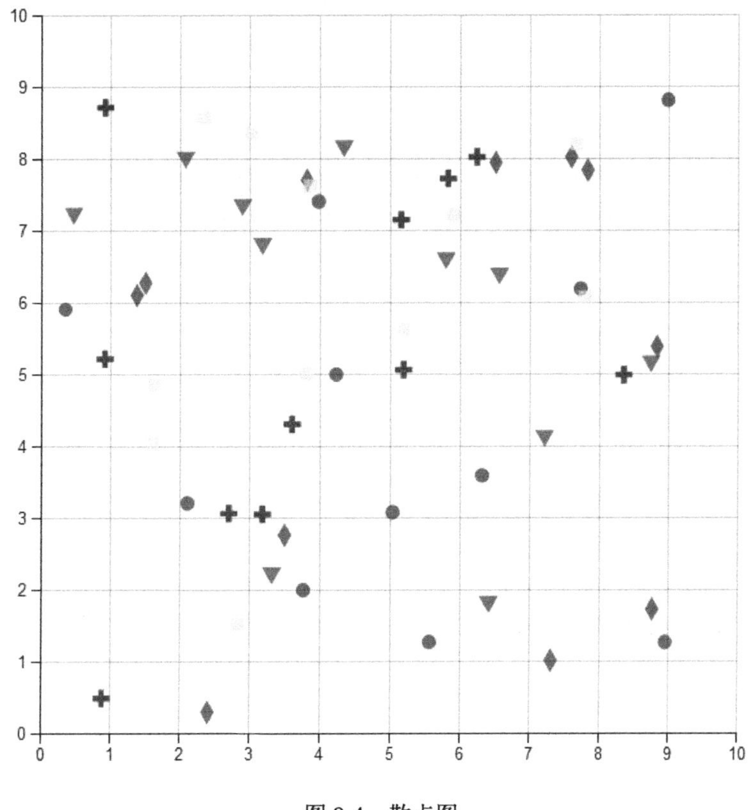

图 8-4　散点图

8.4.3　工作原理

散点图内容的渲染主要是通过 renderSymbols 函数完成的，如第 B 行所示。有读者也许会留意到，renderSymbols 函数的实现与创建线图时 renderDots 函数的实现是相似的。这并非偶然，因为这两种图表都是根据两个变量（*x* 和 *y*）的值在笛卡儿坐标系中放置数据点的。在绘制点的过程中，线图需要 svg:circle 元素，而散点图中则需要 d3.symbol 元素。D3 提供了大量预定义的符号，这些符号可以使用 svg:path 元素方便、快捷地渲染出来。第 A

行创建了一个有序尺度，从而将不同数据序列的序号映射为不同类型的符号。

```
_symbolTypes = d3.scaleOrdinal() // <-A
                        .range([d3.symbolCircle,
                            d3.symbolCross,
                            d3.symbolDiamond,
                            d3.symbolSquare,
                            d3.symbolStar,
                            d3.symbolTriangle,
                            d3.symbolWye
                        ]);
```

数据点的绘制是很直观的。首先，我们将会遍历存储数据序列的数组，针对每一个数据序列创建一系列 svg:path 元素以代表该序列中的每个数据点。

```
_data.forEach(function (list, i) {
    var symbols = _bodyG.selectAll("path._" + i)
                        .data(list);

    symbols.enter()
            .append("path")
        .merge(symbols)
            .attr("class", "symbol _" + i)
            .classed(_symbolTypes(i), true)
        .transition() // <-C
            .attr("transform", function(d){
                        return "translate(" // <-D
                                + _x(d.x)
                                + ","
                                + _y(d.y)
                                + ")";
            })
            .attr("d",d3.symbol() // <-E
                            .type(_symbolTypes(i))
            );
});
```

通过合并 symbol.enter()和符号选集能确保数据序列中的数据更新，或当创建一个新的符号点时，我们会使用 SVG 平移变换（参见第 C 行）平滑地将其置于坐标变换后的正确位置（如第 D 行所示）。最后，如第 E 行所示，使用 d3.svg.symbol 函数为每个 svg:path 元素的 d 属性赋值。

8.5　创建气泡图

气泡图是典型的用于展示三维数据的可视化控件。每个数据实体都通过 3 个数据映射为笛卡儿坐标系中的一个气泡。其中，两个变量用于代表 *x* 坐标和 *y* 坐标的位置，这与散点图类似，第 3 个变量则使用气泡的半径来表示。气泡图在理解数据实体间关系方面尤其有用。

8.5.1　准备工作

在浏览器中打开如下文件的本地副本：

https://github.com/NickQiZhu/d3-cookbook-v2/blob/master/src/chapter8/bubble-chart.html。

8.5.2　开始编程

在本例中，我们将会学习创建气泡图的相关技术。下述代码向我们展示了气泡图实现的核心代码（同样略去了外围图形实现的相关内容）：

```
...

var _width = 600, _height = 300,
                _margins = {top: 30, left: 30, right: 30, bottom: 30},
                _x, _y, _r, // <-A
                _data = [],
                _colors = d3.scaleOrdinal(d3.schemeCategory10),
                _svg,
                _bodyG;
        _chart.render = function () {
            if (!_svg) {
                _svg = d3.select("body").append("svg")
                        .attr("height", _height)
                        .attr("width", _width);
                renderAxes(_svg);

                defineBodyClip(_svg);
            }

            renderBody(_svg);
```

```
        };
...
function renderBody(svg) {
        if (!_bodyG)
            _bodyG = svg.append("g")
                    .attr("class", "body")
                    .attr("transform", "translate("
                            + xStart()
                            + ","
                            + yEnd() + ")")
                    .attr("clip-path", "url(#body-clip)");

            renderBubbles();
}

function renderBubbles() {
        _r.range([0, 50]); // <-B

        _data.forEach(function (list, i) {
            var bubbles = _bodyG.selectAll("circle._" + i)
                    .data(list);

            bubbles.enter()
                        .append("circle") // <-C
                    .merge(bubbles)
                        .attr("class", "bubble _" + i)
                        .style("stroke", function (d, j) {
                            return _colors(j);
                        })
                        .style("fill", function (d, j) {
                            return _colors(j);
                        })
                    .transition()
                        .attr("cx", function (d) {
                            return _x(d.x); // <-D
                        })
                        .attr("cy", function (d) {
                            return _y(d.y); // <-E
                        })
                        .attr("r", function (d) {
                            return _r(d.r); // <-F
                        });
        });
}
...
```

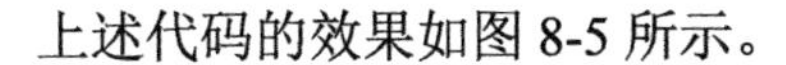
上述代码的效果如图 8-5 所示。

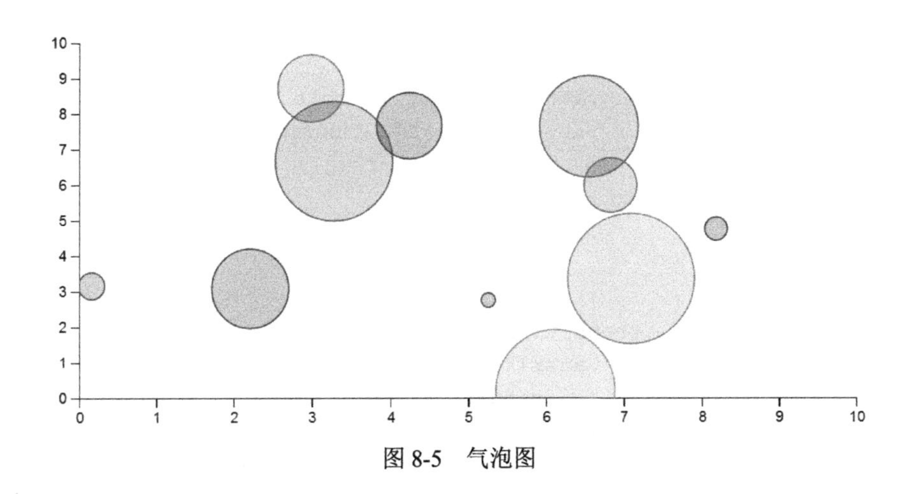

图 8-5　气泡图

8.5.3　工作原理

总体来说，气泡图的实现与本章所提及的其他图表的实现方式是一样的。但是，在气泡图中我们希望展示三维数据（*x*、*y* 以及半径），因此在实现中包含了一个新的_r 尺度（如第 A 行所示）。

```
var _width = 600, _height = 300,
  _margins = {top: 30, left: 30, right: 30, bottom: 30},
  _x, _y, _r, // <-A
  _data = [],
  _colors = d3.scale.category10(),
  _svg,
  _bodyG;
```

气泡图的实现主要由 **renderBubbles** 函数完成。在第 B 行中，首先设置了半径尺度的值域。当然，也可以在实现中让半径的值域可调。为简单起见，这里将半径的值域设置为固定值，具体如下列代码所示：

```
function renderBubbles() {
        _r.range([0, 50]); // <-B

        _data.forEach(function (list, i) {
            var bubbles = _bodyG.selectAll("circle._" + i)
                    .data(list);
```

```
                bubbles.enter()
                        .append("circle") // <-C
                    .merge(bubbles)
                        .attr("class", "bubble _" + i)
                        .style("stroke", function (d, j) {
                            return _colors(j);
                        })
                        .style("fill", function (d, j) {
                            return _colors(j);
                        })
                    .transition()
                        .attr("cx", function (d) {
                            return _x(d.x); // <-D
                        })
                        .attr("cy", function (d) {
                            return _y(d.y); // <-E
                        })
                        .attr("r", function (d) {
                            return _r(d.r); // <-F
                        });
            });
    }
```

值域设置好后，我们就开始遍历数据序列，为每一个数据序列创建一系列的 svg:circle 元素（如第 C 行所示）。然后，在最后一段代码中，对新创建以及需要更新的气泡进行处理，为 svg:circle 元素上色，并根据 cx 和 cy 属性将其放置在坐标系中的相应位置上（如第 D 和 E 行所示）。最终，气泡的尺寸通过半径来确定，而这个半径是由之前定义的_r 尺度映射得到的（如第 F 行所示）。

> 虽然一些人认为利用气泡的颜色作为第 4 个维度是多余且难于理解的，但是的确有一些气泡图采用了这种实现方式。

8.6 创建条形图

条形图使用水平或者垂直矩形的长度来代表相应的数据。在本例中，我们将使用 D3 创建一个条形图。条形图使用矩形的横向位置 x 以及高度 y 展示二维数据。x 轴的值可以是离散的，也可以是连续的（例如直方图）。

在本例中，*x* 轴的值是连续的，因此这是一个直方图，但这种技术同样适用于离散值的情况。

8.6.1　准备工作

在浏览器中打开如下文件的本地副本：

https://github.com/NickQiZhu/d3-cookbook-v2/blob/master/src/chapter8/bar-chart.html。

8.6.2　开始编程

以下代码展示了直方图实现的核心代码（略去了外围图形的实现细节）。

```
...

var _chart = {};

    var _width = 600, _height = 250,
            _margins = {top: 30, left: 30, right: 30, bottom: 30},
            _x, _y,
            _data = [],
            _colors = d3.scaleOrdinal(d3.schemeCategory10),
            _svg,
            _bodyG;

    _chart.render = function () {
        if (!_svg) {
            _svg = d3.select("body").append("svg")
                    .attr("height", _height)
                    .attr("width", _width);

            renderAxes(_svg);

            defineBodyClip(_svg);
        }

        renderBody(_svg);
    };
```

```
...
function renderBody(svg) {
        if (!_bodyG)
            _bodyG = svg.append("g")
                    .attr("class", "body")
                    .attr("transform", "translate("
                            + xStart()
                            + ","
                            + yEnd() + ")")
                    .attr("clip-path", "url(#body-clip)");
        renderBars();
    }
    function renderBars() {
        var padding = 2; // <-A

        var bars = _bodyG.selectAll("rect.bar")
                .data(_data);
        bars.enter()
                .append("rect") // <-B
            .merge(bars)
                .attr("class", "bar")
            .transition()
                .attr("x", function (d) {
                    return _x(d.x); // <-C
                })
                .attr("y", function (d) {
                    return _y(d.y); // <-D
                })
                .attr("height", function (d) {
                    return yStart() - _y(d.y);
                })
                .attr("width", function(d){
                    return Math.floor(quadrantWidth() /
                            _data.length) - padding;
                });
    }
...
```

上述代码的效果如图 8-6 所示。

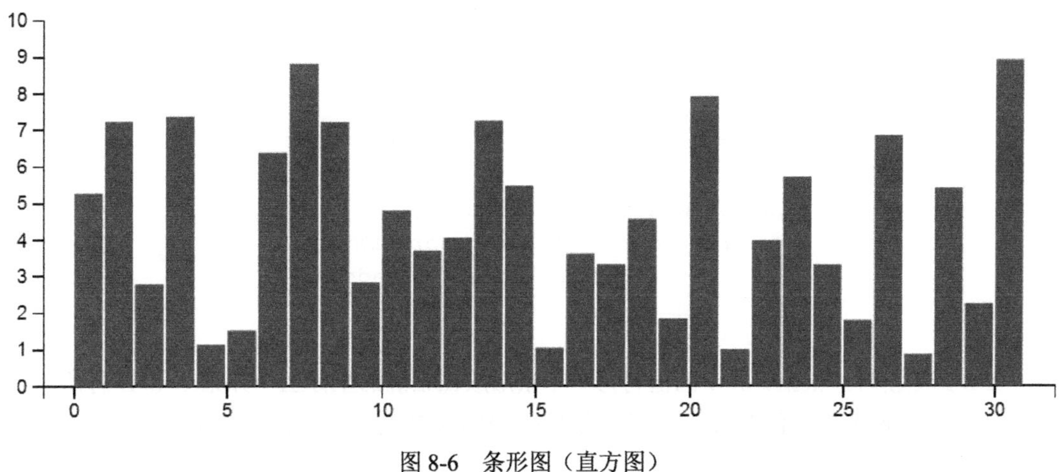

图 8-6　条形图（直方图）

8.6.3　工作原理

条形图不支持多数据序列，这与其他图表是不同的。因此，它并不需要使用二维数组存储多个数据序列，而是直接使用_data 数组存储一系列数据点。条形图实现的关键代码都在 renderBars 函数中。

```
functionrenderBars() {
  var padding = 2; // <-A
  ...
}
```

首先，我们定义了图表中柱形的间距（如第 A 行所示），这样就可以自动得出每个矩形的宽度。之后，第 B 行为每个数据点创建了一个 svg:rect 元素（矩形）。

```
var bars = _bodyG.selectAll("rect.bar")
                .data(_data);

        bars.enter()
                .append("rect") // <-B
            .merge(bars)
                .attr("class", "bar")
            .transition()
                .attr("x", function (d) {
                    return _x(d.x); // <-C
                })
```

```
        .attr("y", function (d) {
            return _y(d.y); // <-D
        })
        .attr("height", function (d) {
            return yStart() - _y(d.y);
        })
        .attr("width", function(d){
            return Math.floor(quadrantWidth() /
                    _data.length) - padding;
        });
```

在数据更新时，根据 *x* 和 *y* 的值将每一个条形放在正确的坐标上（如第 C 和 D 行所示），在第 E 行正确设置矩形的高度。最后，根据矩形的数量以及之前定义的 padding 值，计算出每个矩形的最佳宽度。

```
.attr("width", function(d){
    returnMath.floor(quadrantWidth() / _data.length) - padding;
});
```

当然，在更复杂的实现中，我们能够定义可配置的 padding 值，而不是像这里将其固定为两个像素。

在开发自己的可重用图表之前，应先参考 NVD3、Dimensional Charting 和 Rickshaw 这些 D3 开源图表项目，以避免重复性开发。

第 9 章 井然有序

本章涵盖以下内容：

- 创建饼图
- 创建堆叠式面积图
- 创建矩形式树状结构图
- 创建树
- 创建封闭图

9.1 简介

本章将着眼于布局——这是我们先前从未涉及的概念。D3 提供了一系列布局算法以排列多个元素，但是在深入介绍这些内容之前，首先要明确一些与布局相关的重要属性。

- 布局是一种数据：它以数据为中心，并由数据驱动，但不能直接生成任何图形或产生任何输出。这使得它可以在不同环境下甚至是没有图形输出的环境下复用，例如 SVG 或 canvas。
- 抽象性和复用性：布局是抽象的，因此，它具有较高的灵活性和复用性。我们可以使用各种不同的方法来组合或者复用布局。
- 布局之间是不同的：每个布局都是不一样的，每一个 D3 提供的布局都着眼于一个非常明确的图形需求，并有其相应的数据结构。
- 无状态性：为了简化使用，布局是无状态的。这里的无状态指的是，一般情况下布局就像函数一样，可以调用很多次。它对于不同的输入数据将产生不同的布局结果。

D3 中的布局是一个有趣并且强大的概念。在本章中，我们将创建全功能的可视化效果并将布局应用其上，借此来探索一些 D3 中最常见的布局的使用方法。

9.2 创建饼图

饼图，或者称为圆形图，是一个包含多个扇形的圆，扇形大小用以表示各部分所占比例。本例中，我们将使用 D3 的圆形布局（pie layout）和其他特性创建一个全功能的饼图。在第 7 章已经看到使用 D3 的圆弧生成器是非常枯燥的。每一个生成器都需要以下的数据格式：

```
var data = [
  {startAngle: 0, endAngle: 0.6283185307179586},
  {startAngle: 0.6283185307179586, endAngle: 1.2566370614359172},
  ...
  {startAngle: 5.654866776461628, endAngle: 6.283185307179586}
];
```

这需要计算整个 2 * Math.PI 弧度中每一个片段的角度。而这显然可以通过算法自动完成。这也就是 d3.pie 设计的初衷。在本例中，我们将展示如何使用圆形布局实现一个全功能的饼图。

9.2.1 准备工作

在浏览器中打开如下文件的本地副本：

https://github.com/NickQiZhu/d3-cookbook-v2/blob/master/src/chapter9/pie-chart.html。

9.2.2 开始编程

虽然存在着诸多不足，但是饼图在揭示各个部分的关系时是很常用的。首先我们来看看如何用 d3.layout 实现一个饼图。

```
<script type="text/javascript">
    function pieChart() {
```

```
var _chart = {};
var _width = 500, _height = 500,
        _data = [],
        _colors = d3.scaleOrdinal(d3.schemeCategory10),
        _svg,
        _bodyG,
        _pieG,
        _radius = 200,
        _innerRadius = 100,
        _duration = 1000;

_chart.render = function () {
    if (!_svg) {
        _svg = d3.select("body").append("svg")
                .attr("height", _height)
                .attr("width", _width);
    }

    renderBody(_svg);
};

function renderBody(svg) {
    if (!_bodyG)
        _bodyG = svg.append("g")
                .attr("class", "body");

    renderPie();
}

function renderPie() {
    var pie = d3.pie() // <-A
            .sort(function (d) {
                return d.id;
            })
            .value(function (d) {
                return d.value;
            });

    var arc = d3.arc()
            .outerRadius(_radius)
            .innerRadius(_innerRadius);

    if (!_pieG)
        _pieG = _bodyG.append("g")
```

```
                        .attr("class", "pie")
                        .attr("transform", "translate("
                            + _radius
                            + ","
                            + _radius + ")");
            renderSlices(pie, arc);

            renderLabels(pie, arc);
        }

    function renderSlices(pie, arc) {
    // explained in detail in the'how it works...' section
    ...
    }

    function renderLabels(pie, arc) {
    // explained in detail in the 'how it works...' section
    ...
    }
    ...
    return _chart;
}
...
</script>
```

本例将生成图 9-1 所示的图表。

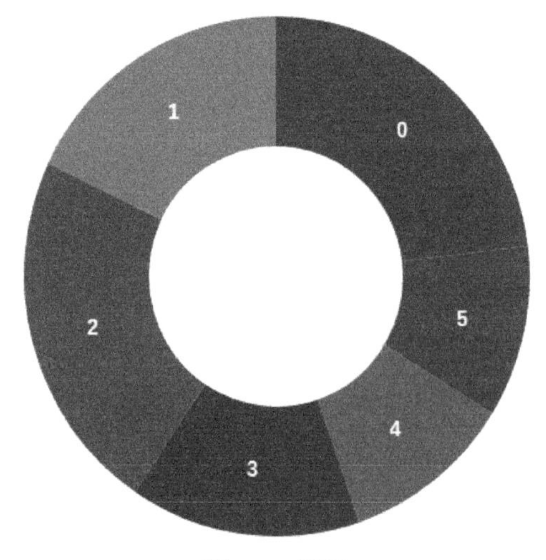

图 9-1　饼图

9.2.3 工作原理

本例是建立在第 7 章相关例子基础上的，但是这里使用 d3.pie 将原始数据转换为圆弧数据。我们在第 A 行创建了圆形布局，并指定了数据的取值和排序方式。

```
var pie = d3.pie() // <-A
            .sort(function (d) {
                return d.id;
            })
            .value(function (d) {
                return d.value;
            });
```

sort 函数规定了圆形布局中的每一个片段都是按照其 ID 属性进行排序的，这样就可以保证各个片段顺序的一致性。如果不指定排序方式，则圆形布局将默认按照其每一个数据的取值进行排序。这很容易造成图形更新时片段顺序互换。value 函数则指定了数据的访问方式，在这个例子中返回了每一个值的 value 属性。在使用圆形布局渲染每一个片段时，可直接将圆形函数调用的输出作为数据（因为布局本身是一种数据），并使用 svg:path 元素生成圆弧（参见第 B 行）。

```
function renderSlices(pie, arc) {
    var slices = _pieG.selectAll("path.arc")
            .data(pie(_data)); // <-B

    slices.enter()
            .append("path")
        .merge(slices)
            .attr("class", "arc")
            .attr("fill", function (d, i) {
                return _colors(i);
            })
        .transition()
            .duration(_duration)
            .attrTween("d", function (d) {
                var currentArc = this.__current__; // <-C

                if (!currentArc)
                    currentArc = {startAngle: 0,
```

```
                                    endAngle: 0};

                        var interpolate = d3.interpolate(
                                    currentArc, d);
                        this.__current__ = interpolate(1);//<-D
                        return function (t) {
                        return arc(interpolate(t));
                    };
                });
        }
```

现在，有读者可能希望知道 d3.pie 会生成什么样的数据。实际上，它输出的数据如图 9-2 所示。

```
▼ [Object, Object, Object, Object, Object, Object]
  ▼ 0: Object
    ▶ data: Object
      endAngle: 1.3029801277680182
      index: 0
      padAngle: 0
      startAngle: 0
      value: 7.605104422042922
    ▶ __proto__: Object
  ▶ 1: Object
  ▶ 2: Object
```

图 9-2　Pie 函数的输出数据

正如所看到的，这些数据正好符合 d3.arc 生成器的预期。所以，我们直接将其用于 d3.arc，而无需对角度和片段进行任何额外的计算处理。其余的渲染逻辑与第 7 章中的是一样的，但第 C 行除外，我们从当前的图形元素上得到了当前圆弧的数据。这样过渡效果就可以从当前角度而非 0 开始。在第 D 行，将当前的弧度设置为最新的值，那么下一次更新饼图时，就可以从当前状态过渡。

相关技术——有状态的可视化。
将数据注入到 DOM 元素中是一个保持可视化状态的常用方法。换句话说，如果希望可视化效果保持先前的状态，那么你可以将相关的数据保存在 DOM 元素中。具体可以参考本例中的第 C 行。

最后还需要将数据标签渲染到每一个片段，以便用户识别。这个功能是通过 renderLabels

函数实现的。

```
function renderLabels(pie, arc) {
            var labels = _pieG.selectAll("text.label")
                    .data(pie(_data)); // <-E
            labels.enter()
                    .append("text")
                .merge(labels)
                    .attr("class", "label")
                .transition()
                    .duration(_duration)
                    .attr("transform", function (d) {
                        return "translate("
                            + arc.centroid(d) + ")"; // <-F
                    })
                    .attr("dy", ".35em")
                    .attr("text-anchor", "middle")
                    .text(function (d) {
                        return d.data.id;
                    });
}
```

这里，我们还是将 pie 函数调用的输出作为数据来生成 svg:text 元素。标签的放置位置是通过 arc.centroid 函数来计算的（参见第 F 行）。另外，我们还对标签元素使用了过渡效果，以便其能够与圆弧动画同步。

9.2.4　更多内容

饼图的使用非常广泛。但是这种图表难以从视觉上区分不同区域的大小且信息量较小，因而饱受批评。我们强烈建议饼图中的扇形数目应当小于 3 个，一般两个是比较理想的数目。多于 3 个，则应当考虑使用条形图或表格，以获取更好的精度和传达性。

9.2.5　参考阅读

- 使用圆弧生成器的范例可以参见第 7 章。
- 实现圆弧过渡效果的范例可以参见第 7 章。

9.3 创建堆叠式面积图

在第 8 章中，我们展示了如何使用 D3 实现一个基本的分层区域。我们将以这个示例为基础创建一个堆叠式面积图。堆叠式面积图是面积图的一个变体。在这种图表中每一个区域都堆叠在其他区域的上面。这样，用户不仅可以比较数据序列的差异，而且还可以方便地观察单个数据序列在整体中所占的比例。

9.3.1 准备工作

在浏览器中打开如下文件的本地副本：

https://github.com/NickQiZhu/d3-cookbook-v2/blob/master/src/chapter9/stacked-area-chart.html。

9.3.2 开始编程

本例是在第 8 章相关例子的基础上建立的，因此以下代码只包含与堆叠式面积图创建相关的代码。

```
<script type="text/javascript">
function stackedAreaChart() {
    var _chart = {};

    var _width = 900, _height = 450,
            _margins = {top: 30, left: 30, right: 30, bottom: 30},
            _x, _y,
            _data = [],
            _colors = d3.scaleOrdinal(d3.schemeCategory10),
            _svg,
            _bodyG,
            _line;

    _chart.render = function () {
        if (!_svg) {
            _svg = d3.select("body").append("svg")
                    .attr("height", _height)
                    .attr("width", _width);
```

```
            renderAxes(_svg);

            defineBodyClip(_svg);
        }

    renderBody(_svg);
};
...
function renderBody(svg) {
    if (!_bodyG)
        _bodyG = svg.append("g")
                    .attr("class", "body")
                    .attr("transform", "translate("
                            + xStart() + ","
                            + yEnd() + ")")
                    .attr("clip-path", "url(#body-clip)");

    var stack = d3.stack() // <-A
                .keys(['value1', 'value2', 'value3'])
                .offset(d3.stackOffsetNone);

    var series = stack(_data); //<-B

    renderLines(series);

    renderAreas(series);
}

function renderLines(stackedData) {
    // explained in details in the'how it works...' section
...
}

function renderAreas(stackedData) {
    // explained in details in the 'how it works...' section
...
}
...
```

上述代码的效果如图 9-3 所示。

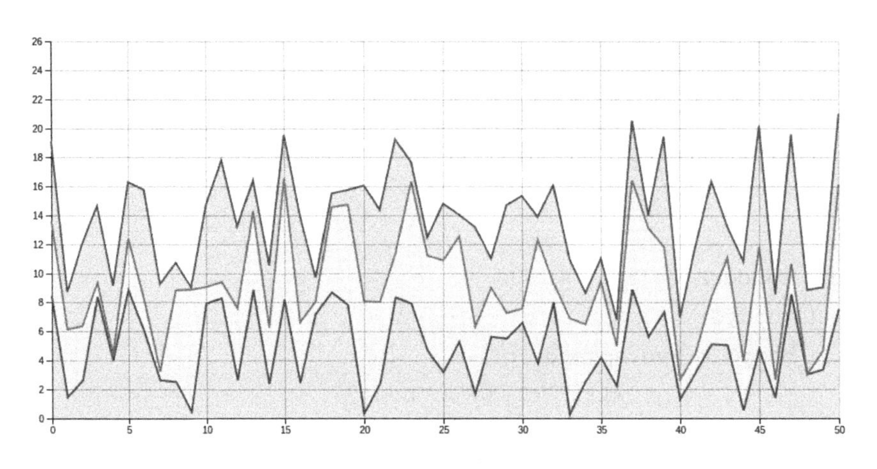

图 9-3 堆叠式面积图

9.3.3 工作原理

本例与标准面积图示例的区别在于本例中的图表是堆叠图表。其堆叠效果是由第 A 行的 d3.stack 函数实现的。

```
var stack = dn3.stack() // <-A
                .keys(['value1', 'value2', 'value3']) // <-B
                .offset(d3.stackOffsetNone);
...
function update() {
    data = d3.range(numberOfDataPoint).map(function (i) {
        return {value1: randomData(),
                value2: randomData(),
                value3: randomData()};
    });

    chart.data(data).render();
}
```

从上面的代码可以看出，update 函数生成的数据点构成了 value1、value2 和 value3 3 个序列。因此，需要在第 B 行告诉 d3.stack 这些序列的具体名称。我们在堆叠布局上进行的唯一配置是将其偏移值设置为 d3.stackOffsetNone。D3 的堆叠布局支持一系列的偏移模式，并根据偏移模式的不同，采用不同的堆叠算法。我们将在本例和接下来的例子中进行展示。本例中偏移值为 zero，则与之相对的是基线为 zero 的堆叠算法。接下来在第 B 行，我们在给定的数组数据上应用堆叠布局就会生成图 9-4 所示的布局数据。

```
▼ [Array[51], Array[51], Array[51]]
  ▶ 0: Array[51]
  ▼ 1: Array[51]
    ▼ 0: Array[2]
        0: 8.562230180873533
        1: 17.34846703856522
      ▶ data: Object
        length: 2
      ▶ __proto__: Array[0]
    ▼ 1: Array[2]
        0: 7.715414689420507
        1: 14.038567272608105
      ▶ data: Object
        length: 2
      ▶ __proto__: Array[0]
    ▶ 2: Array[2]
    ▶ 3: Array[2]
```

图 9-4　堆叠布局数据

就像图 9-4 所展示的那样，堆叠布局将自动计算 3 组数据的每一组数据中 y 的下限（0）和上限（1）。在堆叠数据计算好之后，我们就可以非常方便地生成堆叠曲线了。

```
function renderLines(series) {
        _line = d3.line()
                .x(function (d, i) {
                    return _x(i); //<-C
                })
                .y(function (d) {
                    return _y(d[1]); //<-D
                });

        var linePaths = _bodyG.selectAll("path.line")
                .data(series);

        linePaths.enter()
                .append("path")
            .merge(linePaths)
                .style("stroke", function (d, i) {
                    return _colors(i);
                })
                .attr("class", "line")
            .transition()
                .attr("d", function (d) {
                    return _line(d);
                });
}
```

生成器函数 d3.line 将索引计数值 i 直接映射为线条的 *x* 坐标（参见第 C 行），而将 *y* 的上限值（参见第 D 行）映射为 d[1]。对于堆叠线条来说，这就是你要做的全部。其余的代码与之前的面积图的实现是一样的。相应地，区域堆叠的逻辑也只需稍微进行更改。

```
function renderAreas(series) {
        var area = d3.area()
                .x(function (d, i) {
                    return _x(i); //<-E
                })
                .y0(function(d){return _y(d[0]);}) //<-F
                .y1(function (d) {
                    return _y(d[1]); //<-G
                });

        var areaPaths = _bodyG.selectAll("path.area")
                .data(series);

        areaPaths.enter()
                .append("path")
            .merge(areaPaths)
                .style("fill", function (d, i) {
                    return _colors(i);
                })
                .attr("class", "area")
            .transition()
                .attr("d", function (d) {
                    return area(d);
                });
}
```

与线条的渲染类似，在渲染区域的逻辑中，我们也仅需修改 d3.area 生成器的配置参数。在这里，数据的 *x* 值仍然取索引计数 i 的值（参见第 E 行），数据的 *y*0 值取 *y* 的下限值 d [0]，而将 *y*1 的值则取为 *y* 的上限值 d [1]（参见第 G 行）。

可以看出，由于 D3 的堆叠布局在设计上充分考虑了与其他 D3 的 SVG 生成器的兼容性，因此用它生成堆叠效果是非常直观方便的。

9.3.4 更多内容

我们来看看堆叠曲线图的一些变种。

扩展面积图（Expanded area chart）

前面提到了 d3.stack 支持不同的偏移模式。之前介绍了 d3.stackOffsetNone 偏移模式，在这里，我们将引入另一个非常有用的偏移模式 d3.stackOffsetExpand。使用这种模式，堆叠布局会利用［0，1］值域来归一化不同层。如果我们将上面例子中的偏移模式设置为 d3.stackOffsetNone，并将 *y* 轴的定义域设置为［0，1］，则会生成图 9-5 所示的扩展（归一化）面积图。当大家更关心每个数据序列大于其绝对值的相对比例时，这种可视化技术将会非常有用。

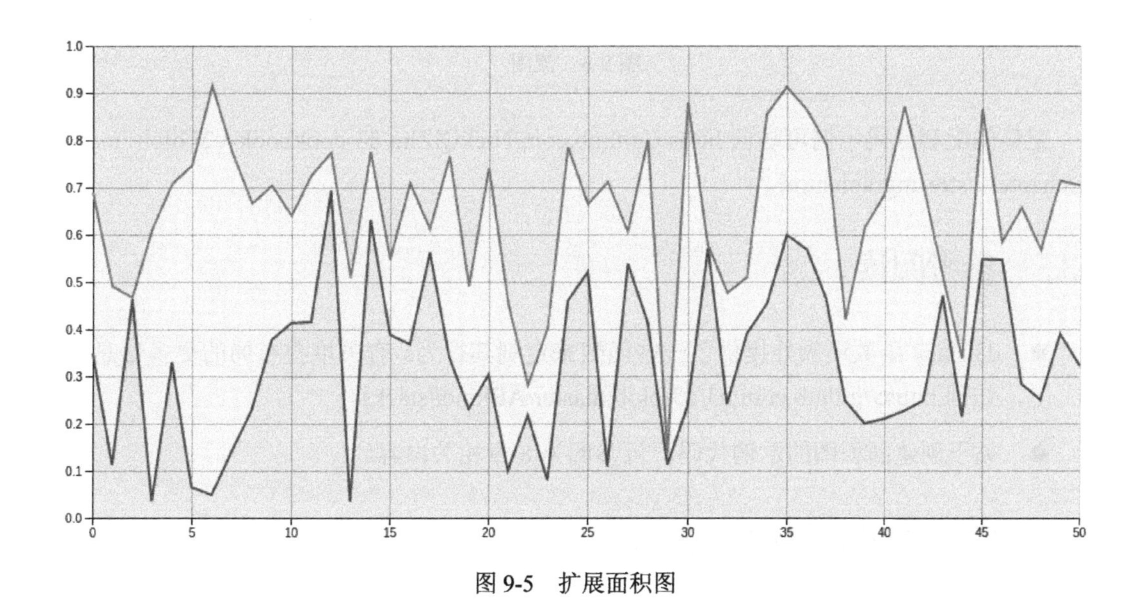

图 9-5　扩展面积图

完整的配套代码示例可访问 https://github.com/NickQiZhu/d3-cookbook-v2/blob/master/src/chapter9/ expanded-area-chart.html。

流图

堆叠区域图另一个有趣的变种称为流图。流图是一种围绕中心轴的具有流动感的堆叠式面积图，如图 9-6 所示。流图最初由李拜伦发明，并在 2008 年纽约时报的一篇关于电影票房收入的文章中崭露头角。D3 堆栈布局已内置了针对这种堆叠算法的支持，因此将基于零的堆叠式面积图转换为流图是非常简单的。二者关键的区别是，流图使用 d3.stackOffsetWiggle 作为其布局偏移模式。当希望突出数据或其趋势随着时间的变化情况而不是突出显示其绝对值时，流图是一种非常有用的可视化技术。

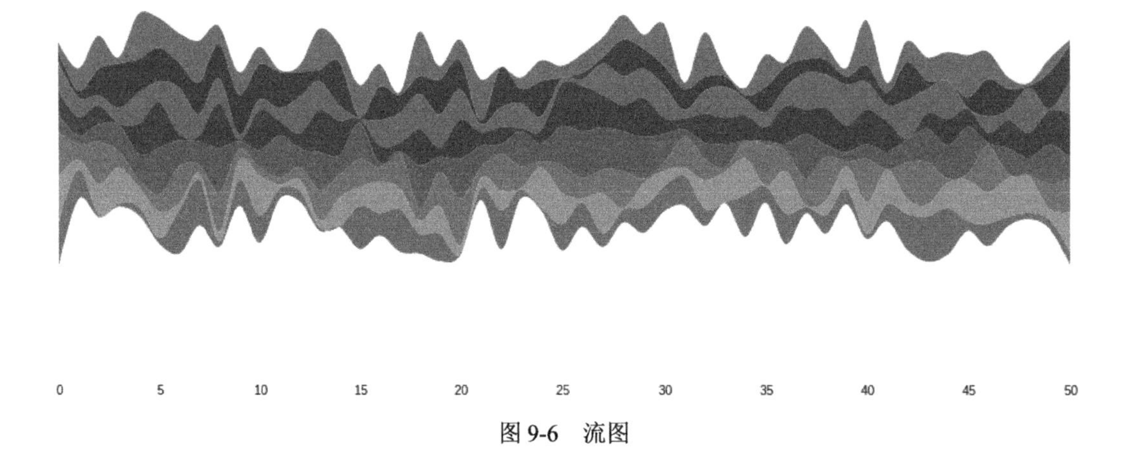

图 9-6 流图

完整的配套代码示例可访问 https://github.com/NickQiZhu/d3-cookbook-v2/ blob/ master/ src/chapter9/streamgraph.html。

9.3.5 参考阅读

- d3.stack 函数还额外提供了一些函数来定制其行为。有关堆叠布局的更多信息，可访问 https://github.com/d3/d3/blob/master/API.md#stacks。
- 关于创建面积图的示例代码，可参阅第 8 章相关内容。

9.4 创建矩形式树状结构图

矩形式树状结构图是由 Ben Shneiderman 在 1991 年发明的。这种图表将分层树结构的数据递归分割为一系列的矩形，即将树的每一个分支表示为一个大的矩形，而将这个分支的子分支分割为更小的矩形。这个分割过程不断重复，直至子分支是叶子为止。

在深入介绍代码之前，先来看看什么是层级数据。

先前我们学到的可视化技术对于一维或者二维数组这些平面数据的表示是非常有效的，接下来的部分我们将着眼于另外一种常见数据形式——层级数据进行可视化。与数组这种平面数据不同，层级数据往往具有单根的树形结构。下面的内容就是一种典型的层级数据。

```
{
  "name": "flare",
```

```
  "children": [
  {
    "name": "analytics",
    "children": [
    {
      "name": "cluster",
      "children": [
        {"name": "AgglomerativeCluster", "size": 3938},
        {"name": "CommunityStructure", "size": 3812},
        {"name": "MergeEdge", "size": 743}
      ]
    },
    {
      "name": "graph",
      "children": [
        {"name": "BetweennessCentrality", "size": 3534},
        {"name": "LinkDistance", "size": 5731}
      ]
    },
    {
      "name": "optimization",
      "children": [
        {"name": "AspectRatioBanker", "size": 7074}
      ]
    }
  ]
  ]
}
```

我们从 D3 社区的一个范例中截取了上述层级数据。这个数据是从一个基于 Flash 的数据可视化库——Flare（这个库最初由加州大学伯克利分校的可视化实验室制作）的代码中统计出来的。它显示了这个代码库中各个包的尺寸以及包和包之间的层次关系。

上面的 JSON 推送数据是一个典型的单根树结构，其中每一个节点都有一个父节点和使用数组保存的多个子节点。这种数据形式正是 D3 层级布局所需要的，在接下来的例子中都会用它来展示 D3 提供的各种层级数据可视化技术。

9.4.1 准备工作

在浏览器中打开如下文件的本地副本：

https://github.com/NickQiZhu/d3-cookbook-v2/blob/master/src/chapter9/treemap.html。

9.4.2 开始编程

下面将展示如何使用 d3.treemap 函数布局来对层级数据进行可视化。

```
function treemapChart() {
        var _chart = {};

        var _width = 1600, _height = 800,
                _colors = d3.scaleOrdinal(d3.schemeCategory20c),
                _svg,
                _nodes,
                _valueAccessor,
                _treemap,
                _bodyG;

        _chart.render = function () {
            if (!_svg) {
                _svg = d3.select("body").append("svg")
                        .attr("height", _height)
                        .attr("width", _width);
            }

            renderBody(_svg);
        };

        function renderBody(svg) {
            // explained in the 'how it works...' section
            ...

            renderCells(cells);
        }

        function renderCells(cells){
            // explained in the 'how it works...' section
        ...
        }

        // accessors omitted
        ...
```

```
        return _chart;
}

d3.json("flare.json", function (nodes) {
  var chart = treemapChart();
  chart.nodes(nodes).render();
});
```

上述代码将产生图 9-7 所示的图形效果。

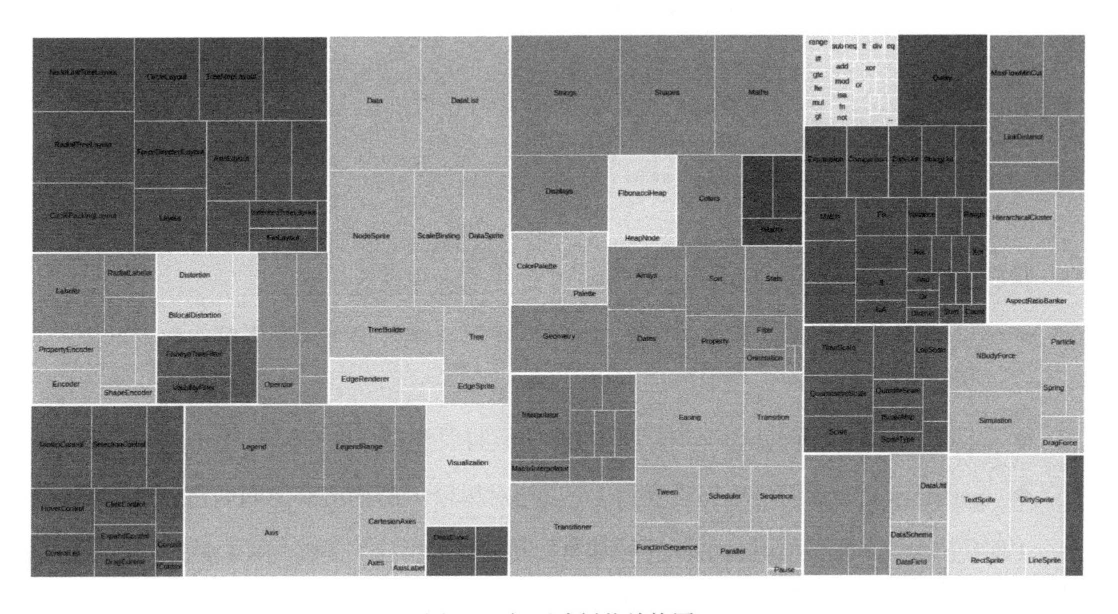

图 9-7　矩形式树状结构图

9.4.3　工作原理

只需如此少的代码就可以产生如此复杂的可视化效果，实在令人叹为观止。究其原因，是因为 d3.treemap 和 d3.hierarchy 函数替我们完成了绝大部分的工作。

```
function renderBody(svg) {
        if (!_bodyG) {
            _bodyG = svg.append("g")
                    .attr("class", "body");

            _treemap = d3.treemap() //<-A
                    .size([_width, _height])
                    .round(true)
```

```
                .padding(1);
        }

        var root = d3.hierarchy(_nodes) // <-B
                .sum(_valueAccessor)
                .sort(function(a, b) {
                    return b.value - a.value;
                });

            _treemap(root); //<-C

            var cells = _bodyG.selectAll("g")
                    .data(root.leaves()); // <-D

            renderCells(cells);
    }
```

我们在第A行定义了d3.treemap布局，并进行了一些设置。

- round(true)：如果打开舍入功能，则这个布局会将数据舍入到完整的像素单位。这样做可以避免SVG图形产生虚边。
- size([_width，_height])：本行将SVG图形的尺寸定义为布局的尺寸。
- padding (1)：我们将填充设置为1，以便对树形图的构造块之间的空白进行填充。

上面代码中，第B行使用d3.hierarchy函数对输入数据进行了调整，使其格式与d3.treemap和其他D3层级数据的函数相适应。

- sum（_valueAccessor)：本例的一大特色是提供一个开关来切换treemap值访问器。这些值访问器可供d3.hierachy函数用来访问各个节点上的值字段。在我们的例子中，它可以是下列函数其中之一。

```
function(d){ return d.size; } // visualize package size
function(d){ return 1; } // visualize package count
```

- sort(function(a, b) { return b.value - a.value; })：我们还利用d3.hierarchy按值的顺序对节点进行了排序，使每个块的大小按顺序进行排列。

要想在Flare JSON数据源上应用d3.hierarchy转换，只需将d3.hierarchy函数上的节点设置为JSON树中的根节点（参考第B行）。然后，进行d3.hierarchy转换后利用变量root存储数据。现在，数据变成如图9-8所示。

```
▼Node {data: Object, height: 4, depth: 0, parent: null, children: Array[10]…}
  ▶children: Array[10]
  ▶data: Object
   depth: 0
   height: 4
   parent: null
   value: 956129
   x0: 0
   x1: 1600
   y0: 0
   y1: 800
```

图 9-8　矩形式树状结构图的层次结构变换

在进行转换之后，各个节点都可以根据其子节点的累积值来计算其值，同时还可以计算出深度和大小等。

- depth：表示节点的深度。
- height：表示树中节点的高度。
- value：表示所有子树值的总和。
- x0：表示单元格起始点的 *x* 坐标。
- y0：表示单元格起始点的 *y* 坐标。
- x1：表示单元格结束点的 *x* 坐标。
- y1：表示单元格结束点的 *y* 坐标。

进行这些转换之后，我们可以将 root 变量传递给_treemap 函数，见第 C 行。这样，就完成了可视化的准备工作。在第 D 行，我们只使用矩形式树状结构图的叶节点来生成单元格：

```
var cells = _bodyG.selectAll("g")
                .data(root.leaves()); // <-D
```

首先， d3.selection.data 需要的是平面数据数组而不是层次树。其次，树图实际上只绘制叶节点，而使用颜色来展示子树的分组。读者如果仔细观察，应该不难看出这一点。

在 renderCells 函数中，我们为每一个节点创建了一个 svg:g 元素，随后 renderCells 函数将在其中创建矩形，并生成标题。

```
function renderCells(cells) {
        var cellEnter = cells.enter().append("g")
                .attr("class", "cell")
                .attr("transform", function (d) {
                    return "translate(" + d.x0 + ","
                                    + d.y0 + ")"; //<-E
```

```
            });

        renderRect(cellEnter, cells);

        renderText(cellEnter, cells);

        cells.exit().remove();
    }
```

矩形的位置是由其坐标(*x*，*y*)决定的，这些坐标都是由第 E 行的布局决定的。

```
function renderRect(cellEnter, cells) {
        cellEnter.append("rect");

        cellEnter.merge(cells)
                .transition()
                .attr("transform", function (d) {
                    return "translate(" + d.x0 + "," + d.y0 + ")";
                })
                .select("rect")
                .attr("width", function (d) { //<-F
                    return d.x1 - d.x0;
                })
                .attr("height", function (d) {
                    return d.y1 - d.y0;
                })
                .style("fill", function (d) {
                    return _colors(d.parent.data.name); //<-G
                });
    }
```

然后，在 renderRect 函数中，我们将宽度和高度分别设置为 d.x1 - d.x0 和 d.y1- d.y0。在第 G 行上，我们使用其节点的名字对每个单元进行着色，以确保属于同一父节点的所有子节点都以相同的方式着色。接下来，开始渲染标题。

```
function renderText(cellEnter, cells) {
        cellEnter.append("text");
        cellEnter.merge(cells)
                .select("text") //<-H
                .style("font-size", 11)
                .attr("x", function (d) {
                    return (d.x1 - d.x0) / 2;
                })
                .attr("y", function (d) {
                    return (d.y1 - d.y0) / 2;
```

```
            })
            .attr("text-anchor", "middle")
            .text(function (d) {
                return d.data.name;
            })
            .style("opacity", function (d) {
                d.w = this.getComputedTextLength();
                return d.w < (d.x1 - d.x0) ? 1 : 0; //<-I
            });
}
```

从第 H 行开始，我们为每一个矩形创建标题（svg:text），并将节点的名称显示在这个元素上。值得一提的是，为了避免标题比矩形还要大的情况，当标题大于矩形宽度时，我们将标题的透明度设置为 0，参见第 I 行。

相关技术——自动隐藏标题的方法。
第 I 行展示了自动隐藏标题功能的实现方法，其形式可以用以下的通用代码进行说明。

```
.style("opacity", function (d) {
width = this.getComputedTextLength();
return d.dx > width ? 1 : 0;
```

9.4.4 参考阅读

- 本例是从 Mike Bostock 的矩形树状布局范例改进而来的，其原始范例可以从 http://mbostock.github.io/d3/talk/20111018/treemap.html 找到。

9.5 创建树

当使用层级数据结构时，树形结构是最好的选择，它可以很形象地展示不同数据元素之间的结构依赖。我们可以将树形结构看作是一个图，在这个图中，两个节点之间只有一条路径相互连接。在本例中，我们学习如何使用 D3 的 tree 布局来实现一个树形的可视化结构。

9.5.1 准备工作

在浏览器中打开如下文件的本地副本：

https://github.com/NickQiZhu/d3-cookbook-v2/blob/master/src/chapter9/tree.html。

9.5.2 开始编程

现在，我们来看看 d3.tree：

```
function tree() {
        var _chart = {};

        var _width = 1600, _height = 1600,
                _margins = {top: 30, left: 120, right: 30, bottom: 30},
                _svg,
                _nodes,
                _i = 0,
                _duration = 300,
                _bodyG,
                _root;

        _chart.render = function () {
            if (!_svg) {
                _svg = d3.select("body").append("svg")
                        .attr("height", _height)
                        .attr("width", _width);
            }

            renderBody(_svg);
        };

        function renderBody(svg) {
            if (!_bodyG) {
                _bodyG = svg.append("g")
                        .attr("class", "body")
                        .attr("transform", function (d) {
                              return "translate(" + _margins.left
```

```
                            + "," + _margins.top + ")";
                    });
            }

            _root = d3.hierarchy(_nodes); // <-A

            render(_root);
        }

        function render(root) {
            var tree = d3.tree() // <-B
                    .size([
                        (_height - _margins.top - _margins.bottom),
                        (_width - _margins.left - _margins.right)
                    ]);

            tree(root); // <-C

            renderNodes(root); // <-D

            renderLinks(root); // <-E
        }

    function renderNodes(nodes, source) {
      // will be explained in the 'how it works...' section
      ...
    }

    function renderLinks(nodes, source) {
      // will be explained in the 'how it works...' section
      ...
    }

    // accessors omitted
    ...
    return _chart;
}
```

上述代码将生成图 9-9 所示的图形。

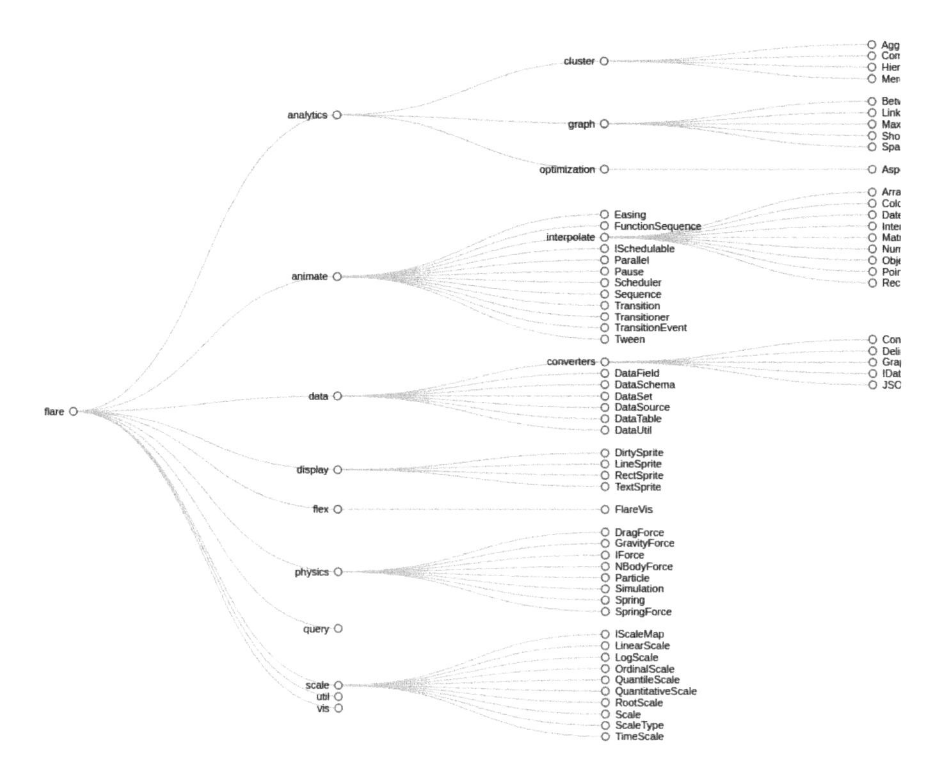

图 9-9　树

9.5.3　工作原理

正如之前提到的那样，这个例子是建立在 D3 树布局基础之上的。就 d3.tree 函数来说，它的作用就是将层级数据转换为 D3 适用的布局数据，以便生成树图。需要指出的是，布局函数 d3.tree 只接受结构化的 D3 层次数据，也就是说，在使用这个函数之前，需要使用 d3.hierachy 来处理和格式化我们的数据。在本例中，我们还将继续使用本章前面一直使用的 Flare 项目包的数据。原始 JSON 数据源如下所示：

```
{
  "name": "flare",
  "children": [
    {
      "name": "analytics",
      "children": [
        {
          "name": "cluster",
```

```
            "children": [
            {"name": "AgglomerativeCluster", "size": 3938},
            {"name": "CommunityStructure", "size": 3812},
            {"name": "HierarchicalCluster", "size": 6714},
            {"name": "MergeEdge", "size": 743}
          ]
  },
  ...
  }
```

这些数据可以利用下列函数加载并传递到我们的图表对象中。

```
function flare() {
        d3.json("../../data/flare.json", function (nodes) {
            chart.nodes(nodes).render();
        });
}
```

加载数据后，我们首先将加载的 JSON 数据传递给 d3.hierarchy 进行处理（参考第 A 行）。

```
_root = d3.hierarchy(_nodes); // <-A
```

这就是在本例中我们需要做的全部工作，因为 d3.tree 布局只关心层次结构节点之间的关系，因此无需像前面的例子中那样对数据求和和排序。一旦处理完毕，我们就可以使用它来创建树状图了。具体代码如下所示：

```
var tree = d3.tree() // <-B
            .size([
                (_height - _margins.top - _margins.bottom),
                (_width - _margins.left - _margins.right)
            ]);
```

这里我们仅设置了图形的尺寸，即 SVG 图像的尺寸减去边距。之后，d3.tree 函数会自己处理其他的事情，并且依次计算每个节点的位置。要使用 tree，只需要调用该布局函数即可，见第 C 行。

```
tree(root); // <-C
```

如果我们深入考察 nodes 里面的数据，会看到图 9-10 所示的数据。

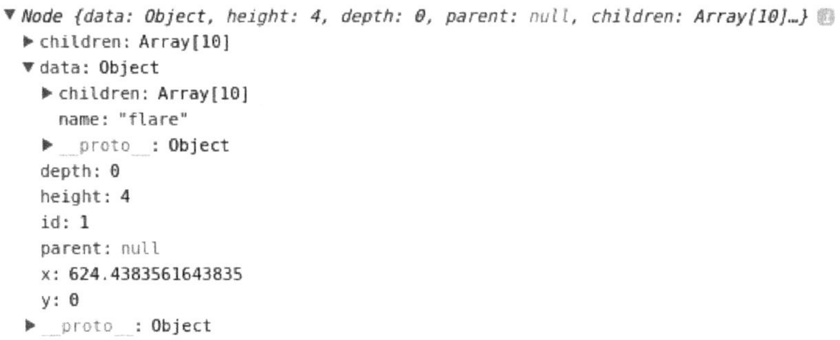

```
▼ Node {data: Object, height: 4, depth: 0, parent: null, children: Array[10]…}
  ▶ children: Array[10]
  ▼ data: Object
    ▶ children: Array[10]
      name: "flare"
    ▶ __proto__: Object
    depth: 0
    height: 4
    id: 1
    parent: null
    x: 624.4383561643835
    y: 0
  ▶ __proto__: Object
```

图 9-10 树形布局数据

树节点是通过 renderNode 函数绘制的，具体如下所示：

```
function renderNodes(root) {
            var nodes = root.descendants();

            var nodeElements = _bodyG.selectAll("g.node")
                    .data(nodes, function (d) {
                                return d.id || (d.id = ++_i);
                            });

            var nodeEnter = nodeElements.enter().append("g")
                    .attr("class", "node")
                    .attr("transform", function (d) { // <-F
                        return "translate(" + d.y
                                + "," + d.x + ")";
                    })
                    .on("click", function (d) { // <-G
                        toggle(d);
                        render(_root);
                    });


            nodeEnter.append("circle") // <-H
                    .attr("r", 4);

            var nodeUpdate = nodeEnter.merge(nodeElements)
                .transition().duration(_duration)
                .attr("transform", function (d) {
                    return "translate(" + d.y + "," + d.x + ")"; // <-I
                });
```

```
            nodeUpdate.select('circle')
                .style("fill", function (d) {
                  return d._children ? "lightsteelblue" : "#fff"; // <-J
                });

            var nodeExit = nodeElements.exit()
                    .transition().duration(_duration)
                    .attr("transform", function (d) {
                        return "translate(" + d.y
                                + "," + d.x + ")";
                    })
                    .remove();

            nodeExit.select("circle")
                    .attr("r", 1e-6)
                    .remove();

            renderLabels(nodeEnter, nodeUpdate, nodeExit);
}
```

在这个函数中，我们首先生成了一组绑定到root.descendents()的g.node元素。

```
var nodes = root.descendants();
var nodeElements = _bodyG.selectAll("g.node")
        .data(nodes, function (d) {
            return d.id || (d.id = ++_i);
        });
```

root.descendents 函数将返回分层数据中的所有节点。需要注意的是，它与前面例子中使用的 root.leaves 函数有所不同：root.leaves 函数只会以 JavaScript 数组的形式返回叶节点；而对于 d3.tree 布局函数来说，我们不仅关心叶节点，而且还关心所有的中间节点，以便可视化整个树结构。因此，我们需要使用 root.descendents。同时，我们还使用索引为每个节点分配一个 ID 来保持对象的一致性。有关对象一致性的更多信息，可参见第 6 章的相关介绍。

```
var nodeEnter = nodeElements.enter().append("g")
            .attr("class", "node")
            .attr("transform", function (d) { // <-F
                return "translate(" + d.y
                        + "," + d.x + ")";
            })
            .on("click", function (d) { // <-G
```

```
                toggle(d);
                render(_root);
            });
```

在第 F 行，创建了节点并将它们移动到 d3.tree 布局已经计算的（d.y，d.x）坐标处。就这里来说，我们调换了 *x* 和 *y*，因为默认情况下 d3.tree 布局在渲染时是以纵向模式计算坐标的，但是我们希望以横向方式显示图形。在第 G 行，我们还创建了 onClick 事件处理程序来处理用户鼠标对树节点的点击事件。toggle 函数由以下代码组成：

```
function toggle(d) {
    if (d.children) {
        d._children = d.children;
        d.children = null;
    } else {
        d.children = d._children;
        d._children = null;
    }
}
```

该函数有效地临时隐藏了给定数据节点上的子节点。这实际上就是从图形中删除该节点的所有子节点，从而使得用户单击节点时，让人感觉子树“折叠”成了一点。

```
nodeEnter.append("circle") // <-H
            .attr("r", 4);

    var nodeUpdate = nodeEnter.merge(nodeElements)
            .transition().duration(_duration)
                .attr("transform", function (d) {
                    return "translate(" + d.y + "," + d.x + ")"; // <-I
                });

    nodeUpdate.select('circle')
            .style("fill", function (d) {
                return d._children ? "lightsteelblue" : "#fff"; // <-J
        });
```

在第 H 行上，我们创建了 SVG 圆形元素来表示每个树节点，并且同样将其放置在坐标（d.y，d.x）处。最后，在第 J 行上，我们检测 toggle 函数生成的临时_children 文件。根据节点的折叠和打开状态来决定是否对节点进行着色。有关节点和标签的渲染代码，其余部分都相当简单，所以这里不再介绍，有关详细信息可参阅 GitHub 上的源代码。在本例中，另一个重要函数是 **renderLinks**，它的作用是绘制刚创建的所有树节点的链接。

```
function renderLinks(root) {
            var nodes = root.descendants().slice(1);

            var link = _bodyG.selectAll("path.link")
                .data(nodes, function (d) {
                    return d.id || (d.id = ++_i);
                });

            link.enter().insert("path", "g") // <-M
                        .attr("class", "link")
                    .merge(link)
                    .transition().duration(_duration)
                        .attr("d", function (d) {
                        return generateLinkPath(d, d.parent); // <-N
                    });

            link.exit().remove();
    }
```

首先，为了渲染这些链接，我们使用 root.descendants().slice(1) 来提供相应数据，而不是 root.descendants()。我们知道，*n* 个节点共有 *n*−1 个链接，因为没有链接指向树中的根节点。同样，这里也是利用对象的一致性来增加图形在渲染期间的稳定性。然后，在第 M 行，创建路径元素来表示图形中的每个链接。现在，我们来介绍第 N 行的 generateLinkPath 函数。

```
function generateLinkPath(target, source) {
    var path = d3.path();
    path.moveTo(target.y, target.x);
    path.bezierCurveTo((target.y + source.y) / 2, target.x,
            (target.y + source.y) / 2, source.x, source.y, source.x);
    return path.toString();
}
```

在这个函数中，我们使用 d3.path 生成器生成一个贝塞尔曲线来连接源节点和目标节点。我们可以发现，d3.path 生成器的用法同如何绘制线条。本例中，我们首先移动到该线条的起始点（line.y，target.x），然后使用给定的控制点从目标节点到源节点绘制贝塞尔曲线，如图 9-11 所示。

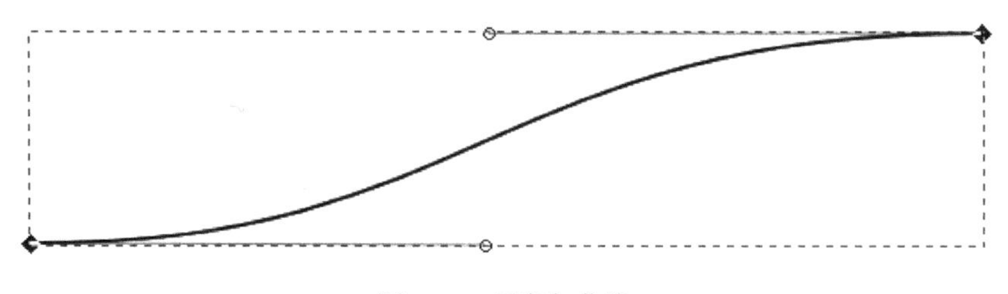

图 9-11 贝塞尔曲线

当然，如果你熟悉 SVG 路径命令，也可以用它来生成 d 公式，而不必使用 d3.path 生成器。在这种情况下，本质上是使用 M 和 C 命令。但是，d3.path 生成器函数更具有可读性，并且与 SVG 和 Canvas 元素的兼容性更高，因此，使用它编写的代码的可维护性要更好一些。

这样，我们就可以看到完整的树形图了。如我们所见，绘制这种复杂图形的时候，借助于 d3.tree 布局会更轻松一些。

9.5.4 参考阅读

- d3.tree 提供了一些可以自定义的函数，详情可查看其 API 文档 https://github.com/d3/d3-hierarchy/blob/master/README.md#tree。
- d3.path 生成器能够在 SVG 和画布上生成任意的路径。有关更多信息可参阅其 API 文档 https://github.com/d3/d3-path/blob/master/README.md#path。
- 对多个元素做动画效果，可以参看第 6 章，那里解释了对象一致性。
- 本小节灵感来自 Mike Bostack 的文章。

9.6 创建封闭图

封闭图是一种很有趣的可视化形式，它通过互相嵌套的圆圈来表示层级数据结构。树结构中的每一个叶子节点，都会有一个大小合乎比例的圆圈与之对应。本小节中，我们学习如何使用 D3 实现这种类型的可视化。

9.6.1 准备工作

在浏览器中打开如下文件的本地副本：

https://github.com/NickQiZhu/d3-cookbook-v2/blob/master/src/chapter9/pack.html。

9.6.2 开始编程

在本小节中，让我们看看如何使用 d3.layout.pack 来实现一个封闭图。

```
function pack() {
        var _chart = {};

        var _width = 1280, _height = 800,
                _svg,
                _valueAccessor,
                _nodes,
                _bodyG;

        _chart.render = function () {
            if (!_svg) {
                _svg = d3.select("body").append("svg")
                        .attr("height", _height)
                        .attr("width", _width);
            }

            renderBody(_svg);
        };

        function renderBody(svg) {
            if (!_bodyG) {
                _bodyG = svg.append("g")
                        .attr("class", "body");
            }

            var pack = d3.pack() // <-A
                    .size([_width, _height]);

            var root = d3.hierarchy(_nodes) // <-B
                    .sum(_valueAccessor)
                    .sort(function(a, b) {
                        return b.value - a.value;
                    });
```

```
            pack(root); // <-C

            renderCircles(root.descendants());

            renderLabels(root.descendants());
        }

    function renderCircles(nodes) {
        // will be explained in the 'how it works...' section
        ...
    }

    function renderLabels(nodes) {
        // omitted
        ...
    }

    // accessors omitted
    ...
    return _chart;
}
```

上述代码生成了图 9-12 所示的图形。

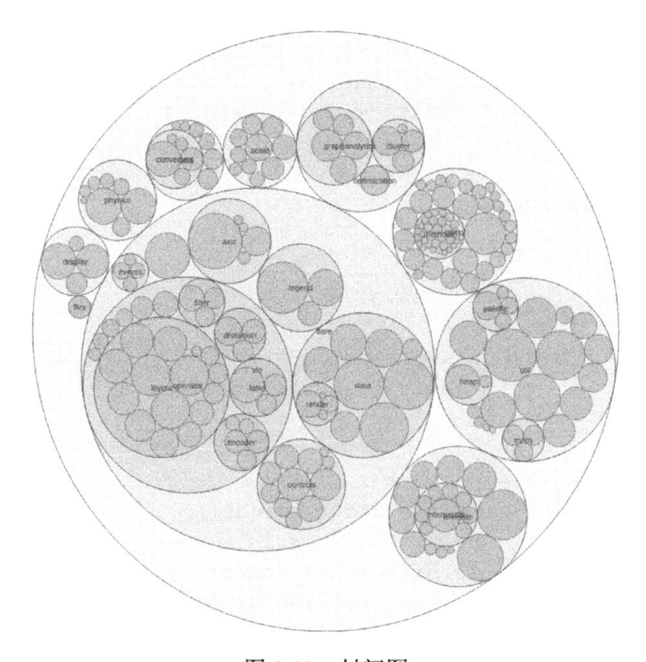

图 9-12　封闭图

9.6.3　工作原理

在本例中，我们继续使用描述 Flare 项目的包关系的分层 JSON 数据源。有关该数据源的更多信息，可参阅构建矩形式树状结构图的例子。JSON 数据结构如下所示：

```
{
  "name": "flare",
  "children": [
  {
    "name": "analytics",
    "children": [
      {
        "name": "cluster",
        "children": [
          {"name": "AgglomerativeCluster", "size": 3938},
          {"name": "CommunityStructure", "size": 3812},
          {"name": "HierarchicalCluster", "size": 6714},
          {"name": "MergeEdge", "size": 743}
        ]
      },
     ...
    }
  ]
}
```

这些数据可以利用 flare 函数加载到图表对象中。

```
function flare() {
    d3.json("../../data/flare.json", function (nodes) {
        chart.nodes(nodes).valueAccessor(size).render();
    });
}
```

对于这项可视化任务，我们首先要做的是定义布局。这里，我们需要使用 d3.pack 布局。

```
var pack = d3.pack() // <-A
            .size([_width, _height]);
```

我们将图形的大小设置在布局上，以便进行相应的计算。之后，在再次将 JSON 数据传递给 d3.pack 布局之前，首先需要使用 d3.hierachy 函数（参考第 B 行）进行相应的处理，这是所有 D3 层次可视化工作的基础。

```
var root = d3.hierarchy(_nodes) // <-B
                .sum(_valueAccessor)
                .sort(function(a, b) { return b.value - a.value; });
pack(root); // <-C
```

本例中，我们让 d3.hierarchy 函数通过_valueAccessor 函数来对所有的值进行求和，默认情况下它将 d.size 作为参数值。另外，我们还命令 d3.hierachy 函数根据相应的值对节点进行排序。最后，将处理后的数据传递给第 C 行的 pack 函数。处理后的布局数据如图 9-13 所示。

```
▼ Node {data: Object, height: 4, depth: 0, parent: null, children: Array[10]…}
  ▶ children: Array[10]
  ▼ data: Object
    ▶ children: Array[10]
      name: "flare"
    ▶ __proto__: Object
    depth: 0
    height: 4
    parent: null
    r: 400
    value: 956129
    x: 640
    y: 400
  ▶ __proto__: Object
```

图 9-13　Pack 布局数据

渲染圆圈的工作由 renderCircle 函数完成。

```
function renderCircles(nodes) { // <-C
    var circles = _bodyG.selectAll("circle")
            .data(nodes);
    circles.enter().append("circle")
            .merge(circles)
            .transition()
        .attr("class", function (d) {
            return d.children ? "parent" : "child";
        })
        .attr("cx", function (d) {return d.x;}) // <-D
        .attr("cy", function (d) {return d.y;})
        .attr("r", function (d) {return d.r;});
    circles.exit().transition()
            .attr("r", 0)
            .remove();
}
```

然后绑定布局数据，并且为每个节点创建 svg:circle 元素。为了更新，我们将 cx、cy 和 radius 设置为包布局为每个圆圈计算的值（参考第 D 行）。最后，当删除圆圈时，先将圆圈的大小缩为零，然后将其删除，以产生更平稳的过渡。在本章介绍的自动隐藏技术的帮助下，本例中的标签渲染非常简单，所以这里不再详述。

9.6.4　参考阅读

- d3.pack 函数提供了一些可自定义的函数，详情可查看其 API 文档 https://github.com/d3/d3-hierarchy/blob/master/README.md#pack。
- 在创建树图的示例中介绍了自动隐藏标签的技术。本小节的一些灵感来自 Mike Bostock 的文章。

第 10 章
可视化交互

本章涵盖以下内容：

- 鼠标交互
- 多点触摸设备交互
- 缩放和平移行为的实现
- 拖曳行为的实现

10.1 简介

可视化设计的最终目标是优化应用，以帮助人们更有效地认知。

——C. Ware（2012 年）

数据可视化的目标，是通过比喻、心智模型对比、认知放大等方式，帮助用户更快更有效地从大量数据中获取信息。到现在为止，本书中已经介绍了 D3 中的几种不同的技术，用以实现不同类型的可视化。然而，我们还没有碰触到可视化中比较重要的那部分——人机交互。很多研究都认为人机交互在信息可视化中具有独一无二的价值。

可视化与计算控制结合可大大加快复杂情形的分析速度……这个案例充分表明，这种方式可以延展模型的适用性。

——I. Barrass 与 J. Leng（2011 年）

在本章中，我们主要学习 D3 的人机交互，即为我们的可视化图形添加计算控制能力。

10.2　鼠标交互

鼠标是桌面和移动计算设备中最为常见和流行的人机交互设备。即便在多点触摸设备大行其道的今天，触摸事件还是会处理为鼠标事件。本节，我们将学习如何通过 D3 处理标准的鼠标事件。

10.2.1　准备工作

在浏览器中打开如下文件的本地副本：

https://github.com/NickQiZhu/d3-cookbook-v2/blob/master/src/chapter10/mouse.html。

10.2.2　开始编程

下面的代码示例中，我们研究在 D3 中注册和处理与鼠标事件的相关技术。这个例子虽然比较特殊，仅处理了点击和移动，但它用到的技术都能很容易地用到其他鼠标事件上。

```
<script type="text/javascript">
    var r = 400;

    var svg = d3.select("body")
            .append("svg");

    var positionLabel = svg.append("text")
            .attr("x", 10)
            .attr("y", 30);

    svg.on("mousemove", function () { //<-A
        printPosition();
    });
    function printPosition() { //<-B
        var position = d3.mouse(svg.node()); //<-C
        positionLabel.text(position);
    }

    svg.on("click", function () { //<-D
        for (var i = 1; i < 5; ++i) {
```

```
            var position = d3.mouse(svg.node());

            var circle = svg.append("circle")
                    .attr("cx", position[0])
                    .attr("cy", position[1])
                    .attr("r", 0)
                    .style("stroke-width", 5 / (i))
                    .transition()
                        .delay(Math.pow(i, 2.5) * 50)
                        .duration(2000)
                        .ease(d3.easeQuadIn)
                    .attr("r", r)
                    .style("stroke-opacity", 0)
                    .on("end", function () {
                        d3.select(this).remove();
                    });
        }
    });
</script>
```

这段代码生成图 10-1 所示的可交互演示。

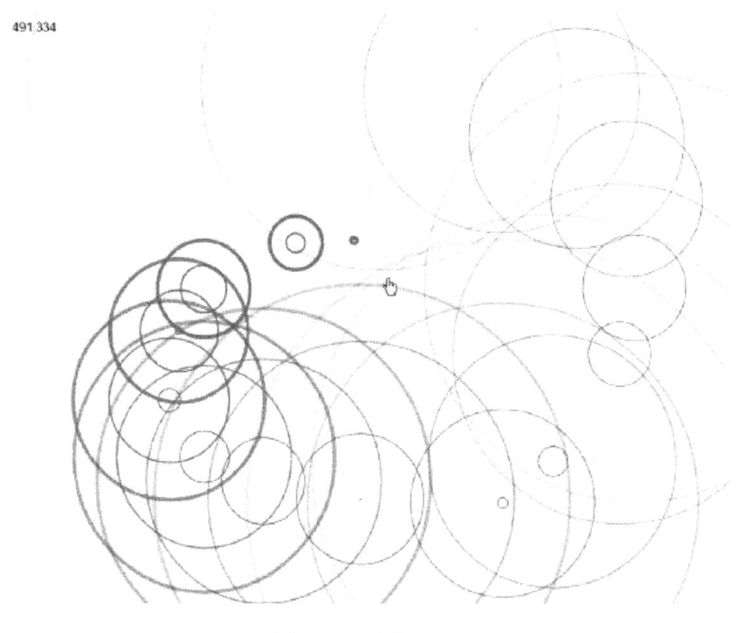

图 10-1　鼠标交互

10.2.3 工作原理

当在 D3 中想要注册一个事件侦听器时，我们需要针对特定的选集调用 on 函数。之后，所提供的事件侦听器就会附加到所有选中的元素上（见第 A 行）。下面的代码就绑定了一个鼠标移动事件侦听器，它可以显示鼠标的当前位置（见第 B 行）。

```
svg.on("mousemove", function () { //<-A
    printPosition();
});
function printPosition() { //<-B
    var position = d3.mouse(svg.node()); //<-C
    positionLabel.text(position);
}
```

在第 C 行中，我们使用了 d3.mouse 函数来获得鼠标在给定容器（即参数）中的当前位置，这个函数返回[x，y]。之后我们还会注册一个事件侦听器，用来侦听鼠标点击事件，见第 D 行。

```
svg.on("click", function () { //<-D
        for (var i = 1; i < 5; ++i) {
            var position = d3.mouse(svg.node());

        var circle = svg.append("circle")
                .attr("cx", position[0])
                .attr("cy", position[1])
                .attr("r", 0)
                .style("stroke-width", 5 / (i)) // <-E
                .transition()
                    .delay(Math.pow(i, 2.5) * 50) // <-F
                    .duration(2000)
                    .ease('quad-in')
                .attr("r", r)
                .style("stroke-opacity", 0)
                .each("end", function () {
                    d3.select(this).remove(); // <-G
                });
        }
});
```

我们用 d3.mouse 函数获取鼠标的当前位置后，又生成 5 个同心圆来模拟波纹的特效。这个波纹特效是通过使用 delay 方法（见第 F 行）来逐渐减少 stroke-width（见第 E 行）而实现的。如果对过渡不熟悉，可以重新看看第 6 章。

10.2.4 更多内容

在本小节中，虽然我们只是演示了点击事件和鼠标移动事件的侦听器，不过可以通过 on 函数来侦听所有浏览器支持的事件了。下面是可视化交互过程中比较常用的鼠标事件列表。

- 单击（click）：单击鼠标时触发。
- 双击（dbclick）：双击鼠标时触发。
- 鼠标按下（mousedown）：鼠标按钮按下时触发。
- 鼠标进入（mouseenter）：鼠标进入控件或该控件子元素的范围时触发。
- 鼠标离开（mouseleave）：鼠标离开控件或该控件子元素的范围时触发。
- 鼠标移动（mousemove）：鼠标移动到控件上时触发。
- 鼠标移出（mouseout）：鼠标离开控件范围时触发。
- 鼠标滑过（mouseover）：当鼠标划过元素时触发。
- 鼠标抬起（mouseup）：鼠标按键抬起时触发。

10.2.5 参考阅读

- 第 6 章有更多本节使用到的波纹特效的相关信息。
- d3.mouse 的 API 文档可以参见 https://github.com/d3/d3-selection/blob/master/ README.md#mouse。

10.3 多点触摸设备交互

随着触摸设备的增多，所有的应用不仅要关注传统点击设备的交互性，而且也要关注触摸设备和手势的交互性。在本例中，我们将研究 D3 对于触摸设备的支持，看看它是如何生成那些漂亮、可以支持多点触摸设备的交互产品的。

10.3.1　准备工作

在浏览器中打开如下文件的本地副本：

https://github.com/NickQiZhu/d3-cookbook-v2/blob/master/src/chapter10/touch.html。

10.3.2　开始编程

在本例中，我们会在用户触摸的地方画一个圆，当圆画出来后，会有波纹状的特效。如果在圆没有画完时用户的手指离开屏幕停止触摸，就不会有波纹特效。

```
<script type="text/javascript">
    var initR = 100,
        r = 400,
        thickness = 20;

    var svg = d3.select("body")
            .append("svg");

    d3.select("body") // <-A
            .on("touchstart", touch)
            .on("touchend", touch);

    function touch() {
        d3.event.preventDefault(); // <-B

        var arc = d3.arc()
                .outerRadius(initR)
                .innerRadius(initR - thickness);

        var g = svg.selectAll("g.touch") // <-C
                .data(d3.touches(svg.node()), function (d, i) {
                    return i;
                });

        g.enter()
```

```
            .append("g")
            .attr("class", "touch")
            .attr("transform", function (d) {
                return "translate(" + d[0] + "," + d[1] + ")";
            })
            .append("path")
                .attr("class", "arc")
                .transition().duration(2000).ease(d3.easeLinear)
                .attrTween("d", function (d) { // <-D
                    var interpolate = d3.interpolate(
                            {startAngle: 0, endAngle: 0},
                            {startAngle: 0, endAngle: 2 * Math.PI}
                        );
                    return function (t) {
                        return arc(interpolate(t));
                    };
                })
                .on("end", function (d) {
                    if (complete(d)) // <-E
                        ripples(d);
                    g.remove();
                });

        g.exit().remove().each(function (d) {
            console.log("Animation stopped");
            d[2] = "stopped"; // <-F
        });
    }

    function complete(d) {
        console.log("Animation completed? " + (d.length < 3));
        return d.length < 3;
    }

    function ripples(position) {
        console.log("Producing ripple effect...");

        for (var i = 1; i < 5; ++i) {
            var circle = svg.append("circle")
                    .attr("cx", position[0])
```

```
                    .attr("cy", position[1])
                    .attr("r", initR - (thickness / 2))
                    .style("stroke-width", thickness / (i))
                .transition()
                    .delay(Math.pow(i, 2.5) * 50)
                    .duration(2000).ease(d3.easeQuadIn)
                    .attr("r", r)
                    .style("stroke-opacity", 0)
                    .on("end", function () {
                        d3.select(this).remove();
                    });
        }
    }
</script>
```

上述代码在触摸设备上生成图 10-2 所示的效果。

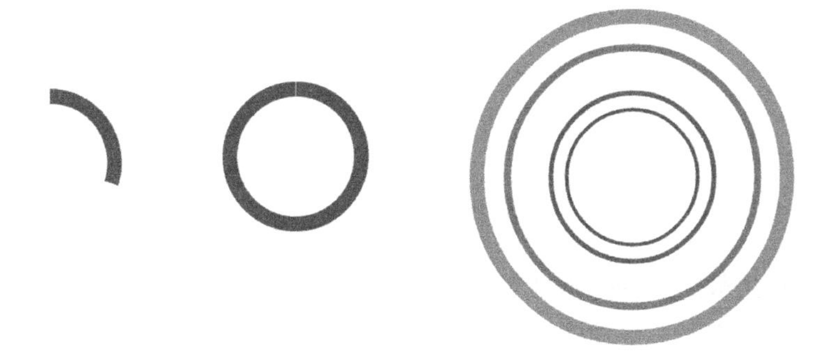

图 10-2　触摸交互

10.3.3　工作原理

触摸事件的事件侦听器可以通过 D3 选集的 on 函数来注册，这与我们在前面的小节中注册鼠标事件的侦听器很类似。具体代码见第 A 行：

```
d3.select("body") // <-A
            .on("touchstart", touch)
            .on("touchend", touch);
```

这里有一点不同，我们没有在 SVG 元素上注册触摸事件侦听器，而是在 body 元素上注册。这是因为在很多 OS 和浏览器中有默认的触摸行为，我们希望用自己的实现覆盖它们。可以用下面的函数来实现（参见第 B 行）：

```
d3.event.preventDefault(); // <-B
```

一旦触发了触摸事件，我们将通过 d3.touches 函数来获得触摸点的数据。具体代码如下所示：

```
var g = svg.selectAll("g.touch") // <-C
            .data(d3.touches(svg.node()), function (d, i) {
                return i;
            });
```

由于在触控事件中可能存在多点触控的情况，所以 d3.touches 并没有像 d3.mouse 函数那样返回一个二元数组，而是返回一个包含多个二元数组的数据。每一个触控位置数组包含图 10-3 所示的数据结构。

```
▼ [Array[2]]
  ▼ 0: Array[2]
      0: 216
      1: 142
      length: 2
    ▶ __proto__: Array[0]
    length: 1
  ▶ __proto__: Array[0]
```

图 10-3　接触位置数组

这里，我们用数组下标来保证对象的一致性。得到触摸点的数据后，画圆圈的功能就会在用户手指周围启动，生成圆圈。

```
g.enter()
    .append("g")
    .attr("class", "touch")
    .attr("transform", function (d) {
        return "translate(" + d[0] + "," + d[1] + ")";
    })
    .append("path")
        .attr("class", "arc")
        .transition().duration(2000).ease(d3.easeLinear)
        .attrTween("d", function (d) { // <-D
            var interpolate = d3.interpolate(
                    {startAngle: 0, endAngle: 0},
                    {startAngle: 0, endAngle: 2 * Math.PI}
```

```
            );
        return function (t) {
            return arc(interpolate(t));
        };
    })
    .on("end", function (d) {
        if (complete(d))
            ripples(d); // <-E
        g.remove();
    });
```

我们是通过标准的弧线动画过渡，用第 D 行所示的 arc 属性插值计算来生成圆圈的，这点在第 7 章讲过。第 B 行所做的事是，当动画过渡效果结束，且用户未取消圆圈的生成时，就会出现前面小节中的波纹效果，具体见第 E 行。因为已经在 touchstart 和 touchend 事件上注册了相同的事件侦听器，所以可以用下面的代码来取消生成圆圈的过程，并且设置一个标识符表明生成圆圈的过程提前取消了。

```
    g.exit().remove().each(function (d) {
        console.log("Animation stopped");
        d[2] = "stopped"; // <-F
    });
  ...
  function complete(d) {
    console.log("Animation completed? " +
(d.length < 3));
    return d.length < 3;
}
```

我们需要在接触数据数组 d 上设置这个有状态的标志，因为过渡一旦启动，就无法再取消。因此，即使从 DOM 树中删除 progress-circle 元素，过渡仍将继续并触发第 E 行代码。

10.3.4 更多内容

我们通过 touchestart 和 touchend 事件演示了触摸交互，读者可以用相同的模式来处理其他浏览器所支持的触摸事件。下面列出了 W3C 推荐的触摸事件类型。

- 触摸开始：用户在触摸设备上放置触摸点时触发。
- 触摸结束：用户在触摸设备上移除触摸点时触发。
- 触摸移动：用户在触摸设备上移动触摸点时触发。
- 触摸取消：当触摸点被特殊实现方法取消时触发。

10.3.5 参考阅读

- 第 6 章包含更多有关对象一致性和波纹特效的技术。
- 第 7 章涵盖了更多有关生成圆圈、计算动画过渡效果的技术。
- 更多关于多点触摸的信息可参见 d3.touch 的 API 文档 https://github.com/d3/d3-selection/blob/master/README.md#touches。

10.4 缩放和平移行为的实现

缩放和平移是数据可视化中很普遍也很有用的技术，尤其是在基于 SVG 的可视化项目中，因为矢量图形不用像位图那样处理像素点。在处理大批量数据集，特别是当全面展示这些数据集几乎不可能时，缩放就变得尤为重要了。在本节中我们将研究 D3 内建的缩放和平移技术。

10.4.1 准备工作

在浏览器中打开如下文件的本地副本：

https://github.com/NickQiZhu/d3-cookbook-v2/blob/master/src/chapter10/zoom.html。

10.4.2 开始编程

在本小节中，我们将使用 D3 中的缩放功能实现一个地图上的缩放和平移。先看看如下代码：

```
<script type="text/javascript">
    var width = 600, height = 350, r = 50;
```

```
    var data = [
        [width / 2 - r, height / 2 - r],
        [width / 2 - r, height / 2 + r],
        [width / 2 + r, height / 2 - r],
        [width / 2 + r, height / 2 + r]
    ];

    var svg = d3.select("body").append("svg")
            .attr("style", "1px solid black")
            .attr("width", width)
            .attr("height", height)
            .call( // <-A
                    d3.zoom() // <-B
                    .scaleExtent([1, 10]) // <-C
                    .on("zoom", zoomHandler) // <-D
            )
            .append("g");

    svg.selectAll("circle")
            .data(data)
            .enter().append("circle")
            .attr("r", r)
            .attr("transform", function (d) {
                return "translate(" + d + ")";
            });

    function zoomHandler() {
        var transform = d3.event.transform;

        svg.attr("transform", "translate("
            + transform.x + "," + transform.y
            + ")scale(" + transform.k + ")");
    }
</script>
```

上述代码生成了图 10-4 所示的缩放平移效果。

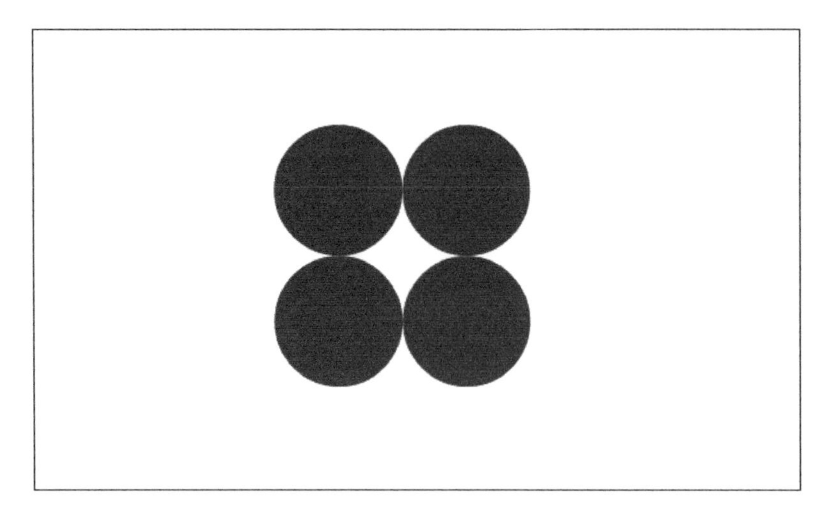

图 10-4　原始

图 10-4 所示的图像显示了其原始状态，图 10-5 则显示了当用户滚动桌面上的鼠标滚轮或在触摸屏设备上使用手势放大时会发生什么。

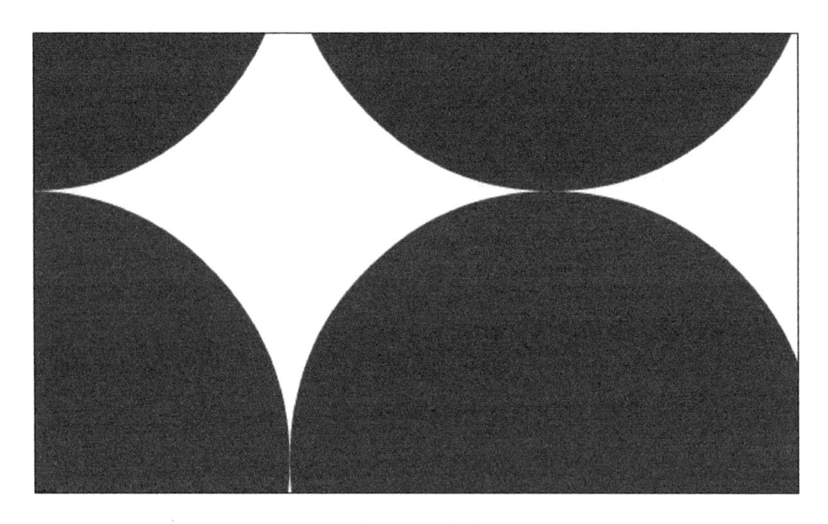

图 10-5　放大

图 10-6 所示的屏幕截图显示当用户用鼠标或手指拖动（平移）图像时会发生什么。

图 10-6 平移

10.4.3 工作原理

这里有读者可能会感到惊讶，在 D3 里只需要写一点点代码就能实现缩放和平移效果。如果浏览器里已经打开了前面所说的文件，你会发现鼠标滚轮和多点触摸手势都完美地支持缩放和平移效果。D3 库已经实现了很多东西，我们需要做的仅仅是定义一下缩放行为。让我们看看代码。首先需要在 SVG 上定义一个缩放行为。

```
var svg = d3.select("body").append("svg")
            .attr("style", "1px solid black")
            .attr("width", width)
            .attr("height", height)
            .call( // <-A
                d3.behavior.zoom() // <-B
                    .scaleExtent([1, 10]) // <-C
                    .on("zoom", zoomHandler) // <-D
            )
            .append("g");
```

在第 A 行中，我们在 SVG 上创建并调用了一个 d3.zoom 函数（见第 B 行）。d3.zoom 会自动创建事件侦听器，来解决相关联的 SVG 容器低层次的缩放和平移手势（本例中是 SVG 元素本身）。这些缩放手势翻译成高层次的 D3 缩放事件。默认的事件侦听器支持鼠标和触摸事件。在第 C 行，我们用数组[1, 10]（表示一个范围）定义了一个 scaleExtent。这个尺度扩展了缩放允许的级数（本例中允许 10 倍缩放）。最后，第 D 行注册了一个自定义的缩放事件处理器来处理 D3 缩放事件。现在，让我们看看这个缩放事件处理器的作用。

```
function zoomHandler() {
    var transform = d3.event.transform;

    svg.attr("transform", "translate("
        + transform.x + "," + transform.y
        + ")scale(" + transform.k + ")");
}
```

在 zoom 函数中，我们把实际的缩放和平移动作交给了 SVG 变换。为了更进一步简化操作，D3 缩放事件已经自行计算了必要的变换和尺度。所以我们要做的只是把它们嵌入 SVG 的 transform 属性中。下面是缩放事件里包含的属性。

- transform.x 和 transform.y：当前的变换向量。
- transform.k：当前尺度的数字。

有读者可能会问，写这个 zoomHandler 函数的意图是什么，为什么 D3 不能自己处理这些呢？原因是 D3 的缩放行为只是一个通用的缩放行为支持机制，它不是专门为 SVG 设计的。因此，在这里，我们将通用的缩放、平移事件转化为 SVG 的相应变换。

10.4.4 更多内容

这个 zoom 函数不仅能做简单的坐标系变换，而且还可以做更多的事情。比如，一个常用的场景是用户使用缩放手势，加载一些额外的数据。还有一个大家都知道的例子，就是数字化地图，当放大地图时，很多的细节信息就会加载并展现出来。

10.4.5 参考阅读

- 第 2 章有更多关于 d3.selection.call 函数和选择操作的信息。
- 更多关于 W3C SVG 坐标系变换以及缩放平移效果的信息，可以参考 W3C 的官网。
- 有关 D3 中缩放的更多信息，可参考 d3.behavior.zoom 的 API 文档 https://github.com/d3/d3-zoom/blob/master/README.md#zoom。

10.5　拖曳行为的实现

在本章中要讲的另一个可视化交互技术是拖曳。拖曳是个很有用的行为，常用于图形重定位以及用户力学（force）输入的处理。下一章我们将探讨力学。在本节中我们来研究 D3 对拖曳行为的支持。

10.5.1　准备工作

在浏览器中打开如下文件的本地副本：

https://github.com/NickQiZhu/d3-cookbook-v2/blob/master/src/chapter10/drag.html。

10.5.2　开始编程

在这里我们有 4 个圆圈可以拖动，并且在拖动时会侦测到 SVG 的边界。让我们看看它在代码中是如何实现的。

```
<script type="text/javascript">
    var width = 960, height = 500, r = 50;

    var data = [
        [width / 2 - r, height / 2 - r],
        [width / 2 - r, height / 2 + r],
        [width / 2 + r, height / 2 - r],
        [width / 2 + r, height / 2 + r]
    ];

    var svg = d3.select("body").append("svg")
            .attr("width", width)
            .attr("height", height)
            .append("g");

    var drag = d3.drag() // <-A
            .on("drag", move);

    svg.selectAll("circle")
            .data(data)
```

```
            .enter().append("circle")
            .attr("r", r)
            .attr("transform", function (d) {
                return "translate(" + d + ")";
            })
            .call(drag); // <-A

    function move(d) {
        var x = d3.event.x, // <-C
            y = d3.event.y;

        if(inBoundaries(x, y))
            d3.select(this)
                .attr("transform", function (d) { // <-D
                    return "translate(" + x + ", " + y + ")";
                });
    }
    function inBoundaries(x, y){
        return (x >= (0 + r) && x <= (width - r))
            && (y >= (0 + r) && y <= (height - r));
    }
</script>
```

本段代码会生成 4 个可以拖曳的圆圈，如图 10-7 所示。

图 10-7　原始状态

图 10-7 显示了图形的原始状态，图 10-8 展示了拖曳后的状态。

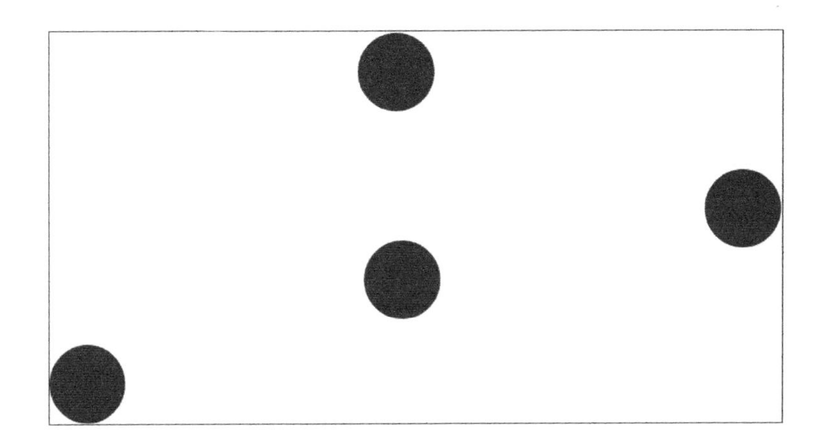

图 10-8　拖曳后的状态

10.5.3　工作原理

如我们所见，与 D3 中的缩放类似，拖曳行为也遵循一个模式。拖曳主要由 d3.drag 函数提供（见第 A 行）。D3 将自动创建相应的低层次事件侦听器来处理拖曳手势，并将其转换为高层次的 D3 拖曳事件。

```
var drag = d3.behavior.drag() // <-A
            .on("drag", move);
```

在本小节中，我们重点看 drag 事件，其由 move 函数来处理。与缩放行为类似，D3 对拖曳行为的支持也是通过事件驱动的，这样做是为了实现时有最大限度的灵活性，不仅能支持 SVG，而且还能支持 HTML5 画布。一旦定义后，行为就可以通过调用附加到任意元素上。

```
svg.selectAll("circle")
            .data(data)
            .enter().append("circle")
            .attr("r", r)
            .attr("transform", function (d) {
                return "translate(" + d + ")";
            })
            .call(drag); // <-B
```

之后，在 move 函数中我们用 SVG 转换，根据拖曳事件传来的信息（见第 C 行）把元素移动到合适的位置（见第 D 行）。

```
function move(d) {
     var x = d3.event.x, // <-C
         y = d3.event.y;

     if(inBoundaries(x, y))
         d3.select(this)
             .attr("transform", function (d) { // <-D
                 return "translate(" + x + ", " + y + ")";
             });
}
```

我们还计算了 SVG 的边界，以防止用户把元素拖出 SVG。下面的代码就是检查这点的。

```
function inBoundaries(x, y){
    return (x >= (0 + r) && x <= (width - r))

        && (y >= (0 + r) && y <= (height - r));
}
```

10.5.4 更多内容

除了拖曳事件以外，D3 的拖曳行为还支持其他两种事件类型。下面列出所有支持的拖曳事件及其属性。

- dragstart：拖曳手势开始时触发。
- drag：拖曳元素的时候触发。d3.event 会包含 *x* 和 *y* 属性来表示当前元素的绝对坐标，还包含了 dx 和 dy 属性，它表示当前元素的相对位移。
- dragend：拖曳结束时触发。

10.5.5 参考阅读

- 第 2 章拥有更多关于 d3.selection.call 函数和选择操作的信息。
- 更多关于 D3 拖曳的信息可参考 d3.behavior.drag 的 API 文档 https://github. com/ d3/ d3-drag/blob/master/README.md#drag。

第 11 章 使用“原力”

本章涵盖以下内容：

- 使用引力和相互作用力
- 自定义速度
- 设置连接约束
- 借助力来辅助可视化
- 操作“力”
- 绘制力导向图

11.1 简介

运用原力吧，路克！

——星球大战中大师对学徒的教导

本章将讲述 D3 中最为有趣的概念——力。对力的模拟是可视化中最令人激动的技术之一。我们将通过一组具有丰富交互性和功能完整的例子来共同探索 D3 中力（例如力导向图形）的运用及其涉及的诸多重要概念。

在 D3 中力的模拟本身并不构成独立的功能，它更多的是作为一种额外的 D3 布局来使用。如第 9 章中提到过的，D3 布局面向非视觉数据，并生成具有不同视觉效果的布局。力的模拟最初用来实现一种特定的视觉效果——力导向图，它的实现基于标准速度韦尔莱（verlet）积分法对粒子物理作用力的模拟。

换句话说，D3 实现了一种数值方法，这种数值方法能够通过阶梯时间函数根据粒子的速度来粗略模拟其运动情况。显然，这种模拟在实现某些可视化元素（例如力导向图）时是非常理想的，因为力可被灵活地自定义。实际上，这种技术的应用领域甚至超出了视觉化，在其他许多领域也有广泛的应用，例如用户界面设计领域等，本章的例子将很好地说明这一点。当然，本章也会举例说明力布局的经典用途——力导向图。

11.2 使用引力和相互作用力

本节将介绍引力和相互作用力两种最基本的力。如前所述，力布局主要目的之一是模拟粒子的运动，而其中关键之一就是模拟粒子间的相互作用力。另外，力布局也实现了伪引力，或更精确一点就是使用弱几何约束将视觉元素控制于 SVG 内部，防止其超出 SVG 画布边界。在接下来的示例中，我们将看到这两种基础甚至有时有相反效果的力是如何为粒子系统生成不同效果的。

11.2.1 准备工作

在浏览器中打开如下文件的本地副本：

https://github.com/NickQiZhu/d3-cookbook-v2/blob/master/src/chapter11/gravity-and-charge.html。

11.2.2 开始编程

在接下来的例子中我们将一起尝试设置力布局的引力和相互作用力，从而更好地理解不同力的相互影响及其交互体验。

```
<script type="text/javascript">
    var w = 1280, h = 800, r = 4.5,
        nodes = [],
        force = d3.forceSimulation()
                .velocityDecay(0.8)
                .alphaDecay(0)
                .force("collision",
                    d3.forceCollide(r + 0.5).strength(1));

    var svg = d3.select("body")
        .append("svg")
            .attr("width", w)
```

```
        .attr("height", h);

force.on("tick", function () {
    svg.selectAll("circle")
        .attr("cx", function (d) {return d.x;})
        .attr("cy", function (d) {return d.y;});
});

svg.on("mousemove", function () {
    var point = d3.mouse(this),
        node = {x: point[0], y: point[1]}; // <-A

    svg.append("circle")
            .data([node])
        .attr("class", "node")
        .attr("cx", function (d) {return d.x;})
        .attr("cy", function (d) {return d.y;})
        .attr("r", 1e-6)
    .transition()
        .attr("r", r)
    .transition()
        .delay(7000)
        .attr("r", 1e-6)
        .on("end", function () {
            nodes.shift(); // <-B
            force.nodes(nodes);
        })
        .remove();
    nodes.push(node); // <-C
    force.nodes(nodes);
});

function noForce(){
    force.force("charge", null);
    force.force("x", null);
    force.force("y", null);
    force.restart();
}

function repulsion(){
    force.force("charge", d3.forceManyBody().strength(-10));
    force.force("x", null);
    force.force("y", null);
```

```
        force.restart();
    }

    function gravity(){
        force.force("charge", d3.forceManyBody().strength(1));
        force.force("x", null);
        force.force("y", null);
        force.restart();
    }

    function positioningWithGravity(){
        force.force("charge", d3.forceManyBody().strength(0.5));
        force.force("x", d3.forceX(w / 2));
        force.force("y", d3.forceY(h / 2));
        force.restart();
    }

    function positioningWithRepulsion(){
        force.force("charge", d3.forceManyBody().strength(-20));
        force.force("x", d3.forceX(w / 2));
        force.force("y", d3.forceY(h / 2));
        force.restart();
    }

</script>

<div class="control-group">
    <button onclick="noForce()">
        No Force
    </button>
    <button onclick="repulsion()">
        Repulsion
    </button>
    <button onclick="gravity()">
        Gravity
    </button>
    <button onclick="positioningWithGravity()">
        Positioning with Gravity
    </button>
    <button onclick="positioningWithRepulsion()">
        Positioning with Repulsion
    </button>
</div>
```

本例生成了一个受力环境下的粒子系统，我们可以选择不同的受力模式，如图 11-1 所示。

No Force　Repulsion　Gravity　Positioning with Gravity　Positioning with Repulsion

图 11-1　力仿真模式

11.2.3　工作原理

在深入这个示例之前，我们先来理解 α 衰变、速度衰减、相互作用力、定位和碰撞等概念，以便更好地理解随后示例中的各种变量设置。

α 衰变

Alpha 决定了仿真的放射性强度。模拟开始时，alpha 的值为 1，默认情况下经过 300 次迭代后，其值衰减为 0。因此，如果将 α 衰变设置为 0，则表示没有衰减，模拟将永远不会停止。这正是在本章中所使用的设置，以便更好地展示效果。在现实的可视化过程中，我们通常会使用 0 之外的衰减值，以便模拟会在一段时间后“冷却”下来，类似于现实世界中粒子的运行机制。

速度衰减

在模拟粒子的过程中，速度会根据给定的衰减值而变慢。因此，数值 1 对应于无摩擦环境，而数值 0 将冻结所有粒子，令其立即失去速度。

相互作用力

相互作用力用来模拟粒子间的多体相互作用力。负相互作用力将导致节点的互斥，相反，正值将使得节点相互吸引。

定位

如果通过 x 或 y 来指定力的坐标，则模拟将沿着给定的尺寸将粒子推向期望的位置，并具有给定的强度。通常情况下，这将是施加到模拟所有粒子的全局力。

碰撞

碰撞力将粒子视为具有一定半径的圆，而不是没有大小的点，这样就能防止粒子在模拟中发生重叠。

了解了这些枯燥的定义之后，下面我们来看看如何利用这些力来生成有趣的视觉效果。

设置零受力布局

首先，我们创建一个既无引力也无相互作用力的布局。如下所示，可以使用 d3.forceSimulation 函数完成布局。

```
var w = 1280, h = 800, r = 4.5,
        nodes = [],
        force = d3.forceSimulation()
                .velocityDecay(0.8)
                .alphaDecay(0)
                .force("collision",
                    d3.forceCollide(r + 0.5).strength(1));
```

我们禁用 alphaDecay，这样模拟就会持续运行而不会受到“冷却”的影响，同时将 velocityDecay 设定为 0.8 以模拟摩擦力的影响。接下来，将碰撞设置为略大于后面要创建的 svg：circle 元素的半径。随后，当用户移动鼠标时，我们会创建一些节点，用 SVG 上的 svg:circle 来表示。

```
svg.on("mousemove", function () {
        var point = d3.mouse(this),
            node = {x: point[0], y: point[1]}; // <-A
        svg.append("circle")
                .data([node])
            .attr("class", "node")
            .attr("cx", function (d) {return d.x;})
            .attr("cy", function (d) {return d.y;})
            .attr("r", 1e-6)
        .transition()
            .attr("r", r)
        .transition()
            .delay(7000)
            .attr("r", 1e-6)
            .on("end", function () {
                nodes.shift(); // <-B
                force.nodes(nodes);
            })
            .remove();

        nodes.push(node); // <-C
        force.nodes(nodes);
    });
```

第 A 行创建了节点对象，并将当前鼠标位置设为其坐标。如同其他 D3 布局一样，力布局并没有任何视觉元素。因此，我们所创建的每个节点都需要手动添加到布局的节点数组里去（如第 C 行所示），并当节点消失时，将其从数组中删除（见第 B 行）。默认情况下，力的模拟一旦创建完毕，就会自动启动。在零引力和零相互作用力下，我们可以随着鼠标运动放置一系列节点，如图 11-2 所示。

图 11-2 零引力和零相互作用力

设置斥力

在下个模式里，我们将相互作用力设为负值，而不设置任何全局定位力，这样就生成了一种互斥力场。

```
function repulsion(){
    force.force("charge", d3.forceManyBody().strength(-10));
    force.force("x", null);
    force.force("y", null);
    force.restart();
}
```

上述代码将力布局中每个节点的相互作用力设为-10，并基于仿真结果，不断地更新每个节点的{x, y}坐标。然而，仅仅这些不足以让粒子在 SVG 上运动，因为布局对这些视觉元素一无所知。所以，我们需要将力布局能够处理的数据与视觉元素联系起来，代码如下所示：

```
force.on("tick", function () {
        svg.selectAll("circle")
            .attr("cx", function (d) {return d.x;})
            .attr("cy", function (d) {return d.y;});
});
```

这样一来，我们就注册了一个 tick 事件监听器，它可以基于力布局的计算结果更新所有 circle 元素的位置。Tick 监听器随着仿真的每一个 tick 触发。在每一个 tick 中，我们将 cx 和 cy 属性设置为 d 的 *x* 和 *y*。由于我们已经将节点对象数据绑定到这些圆形上，因此它们已经包含了由力布局计算得出的新坐标。这种方式使得力布局能够很好地控制所有粒子。

除了节点对象上的 *x* 和 *y* 以外，力的模拟还设置其他一些值来实现力的拖曳和自定义，这些将在后面的示例中加以解释。在这个示例中，我们首先学习一些简单的东西——基于力的定位。

除了 tick 事件之外，力布局也支持如下事件。

- tick：在模拟的每一 tick 触发。
- end：当模拟结束时触发。

上述设置生成图 11-3 所示的视觉效果。

图 11-3　互斥效果

设置相吸效果

当相互作用力为正值时，它将在粒子间形成相吸效果。

```
function gravity(){
    force.force("charge", d3.forceManyBody().strength(1));
    force.force("x", null);
    force.force("y", null);
    force.restart();
}
```

这段代码的运行效果如图 11-4 所示。

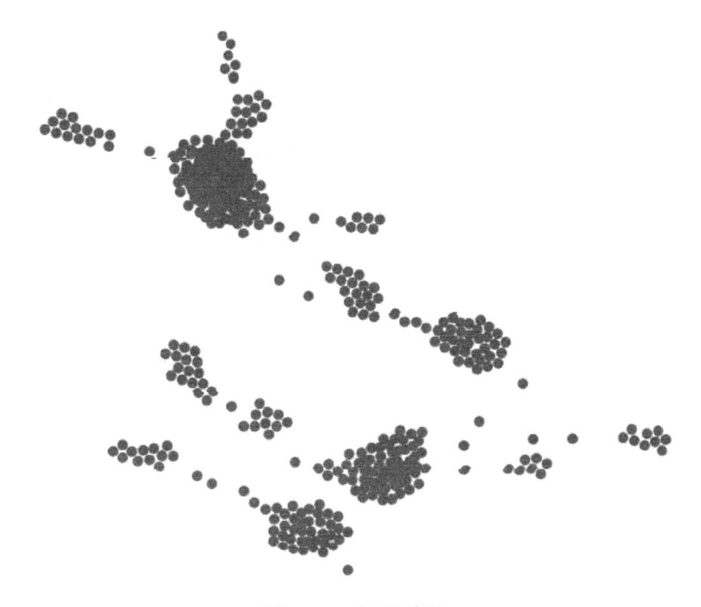

图 11-4　相吸效果

使用引力设置定位

当使用中心定位力开启引力后，生成的视觉效果与相吸有些类似。然而，你可能会注意到，当鼠标远离中心时，也会有类似引力的吸引效果。

```
function positioningWithGravity(){
    force.force("charge", d3.forceManyBody().strength(0.5));
    force.force("x", d3.forceX(w / 2));
    force.force("y", d3.forceY(h / 2));
    force.restart();
}
```

这段代码的运行效果如图 11-5 所示。

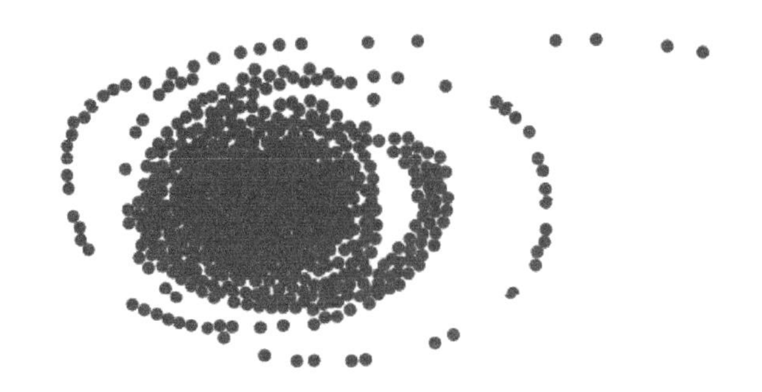

图 11-5 基于引力的定位

利用斥力设置定位

最后，我们同时打开定位和互斥力，使其达到一种力均衡状态——所有的粒子都处于平衡之中，不会被挤出图外，也不会与其他粒子碰撞。

```
function positioningWithRepulsion(){
    force.force("charge", d3.forceManyBody().strength(-20));
    force.force("x", d3.forceX(w / 2));
    force.force("y", d3.forceY(h / 2));
    force.restart();
}
```

力平衡后效果如图 11-6 所示。

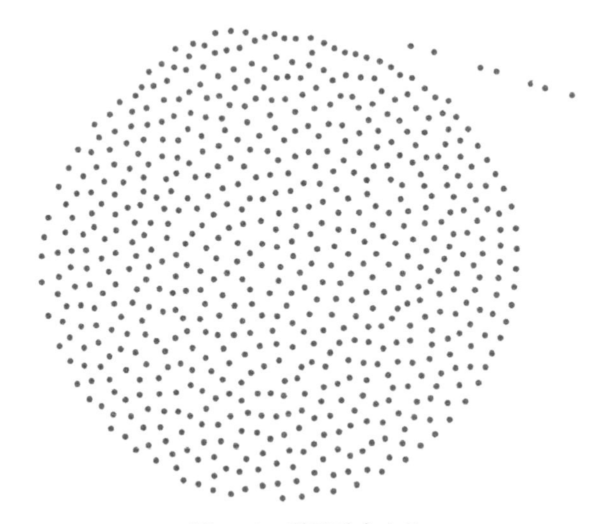

图 11-6 利用斥力定位

11.2.4 参考阅读

- 关于速度韦尔莱积分法可参见 wikipedia 关于 Verlet_integration 的条目。
- 本章部分灵感来自 Mike Bostock 关于 D3 力的演讲。
- D3 鼠标交互的更多详细内容可参见第 10 章。
- 关于 D3 力布局的 API 文档可参见 https://github.com/d3/d3-force。

11.3 自定义速度

在前面的小节中，我们谈及了力的模拟节点对象和它的{x, y}属性，这一属性决定了节点在布局中的位置。本节将讨论物理运动模拟中另一个有趣的内容——速度。D3 力布局内嵌支持速度模拟，它依赖于节点对象的{vx, vy}属性。下面让我们跟着具体的示例来学习。

11.3.1 准备工作

在浏览器中打开如下文件的本地副本：

https://github.com/NickQiZhu/d3-cookbook-v2/blob/master/src/chapter11/velocity.html。

11.3.2 开始编程

本节我们对上一个例子进行了一些修改，首先消除了位置和相互作用力，为新出现的节点添加初始速度。结果表明，鼠标移动的速度越快，每个节点的初始速度和动量就越大。具体代码如下所示：

```
<script type="text/javascript">
    var r = 4.5, nodes = [];

    var force = d3.forceSimulation()
                    .velocityDecay(0.1)
                    .alphaDecay(0)
                    .force("collision",
```

```
                        d3.forceCollide(r + 0.5).strength(1));

    var svg = d3.select("body").append("svg:svg");

    force.on("tick", function () {
        svg.selectAll("circle")
                .attr("cx", function (d) {return d.x;})
                .attr("cy", function (d) {return d.y;});
    });

    var previousPoint;

    svg.on("mousemove", function () {
        var point = d3.mouse(this),
            node = {
                x: point[0],
                y: point[1],
                vx: previousPoint?
                    point[0]-previousPoint[0]:point[0],
                vy: previousPoint?
                    point[1]-previousPoint[1]:point[1]
            };

        previousPoint = point;
        svg.append("svg:circle")
                    .data([node])
                .attr("class", "node")
                .attr("cx", function (d) {return d.x;})
                .attr("cy", function (d) {return d.y;})
                .attr("r", 1e-6)
            .transition()
                .attr("r", r)
            .transition()
            .delay(5000)
                .attr("r", 1e-6)
                .on("end", function () {
                    nodes.shift();
                    force.nodes(nodes);
                })
                .remove();

        nodes.push(node);
        force.nodes(nodes);
    });
</script>
```

这个示例生成了图 11-7 所示的粒子系统，在此系统中，随着用户鼠标移动速度的不同，粒子也具有不同的初始定向运动速度。

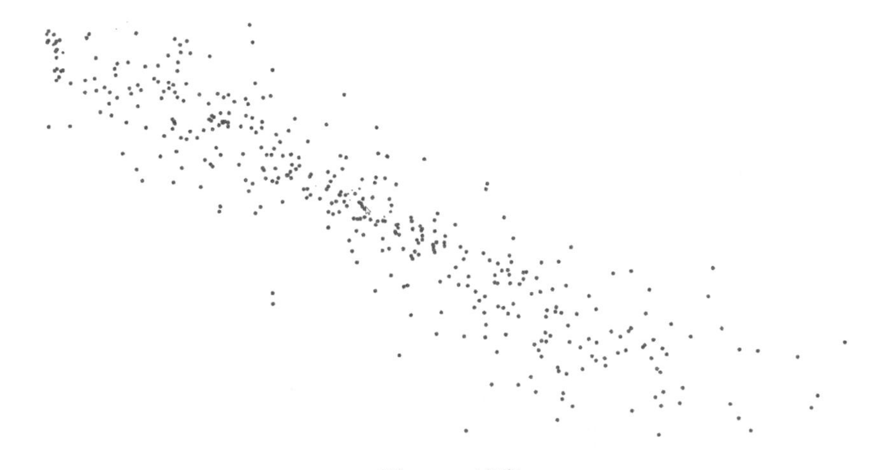

图 11-7　速度

11.3.3　工作原理

该示例与之前的示例类似，它也随着用户的鼠标移动而生成粒子，并且一旦力模拟开始，每个粒子的位置就完全由力布局中的 tick 事件监听函数控制了。不同的是，在本例中，我们关掉了定位和相互作用力，这样一来，我们可以更关注于与动量相关的代码。我们保留了部分摩擦力，这使得速度的衰减看上去更加真实。下面是相关的设置：

```
var force = d3.forceSimulation()
                    .velocityDecay(0.1)
                    .alphaDecay(0)
                    .force("collision",
                        d3.forceCollide(r + 0.5).strength(1));
```

这里最大的区别在于，我们不仅关注鼠标的当前位置，而且还记录了上一个位置。另外，无论用户何时移动鼠标，我们都会生成一个同时包含当前位置{ point [0], point [1]}和上一位置{ previousPoint.x, previousPoint.y}的节点对象。

```
var previousPoint;

svg.on("mousemove", function () {
    var point = d3.mouse(this),
```

```
            node = {
                x: point[0],
                y: point[1],
                vx: previousPoint?
                    point[0]-previousPoint[0]:point[0],
                vy: previousPoint?
                    point[1]-previousPoint[1]:point[1]
            };

        previousPoint = point;
    ...
}
```

由于鼠标位置是基于固定间隔取样的，所以鼠标移动越快，这两个位置之间的距离就越远。如本例所示，基于这一属性以及从两个位置中获取的方向信息，力布局能够将其转化为每个节点的初始速度值。

迄今为止，除了我们所讨论的{x, y, vx, vy}属性之外，力布局节点对象还支持一些其他常用属性。

- index：节点数组中的索引值，从 0 开始。
- x：当前节点位置的 x 坐标。
- y：当前节点位置的 y 坐标。
- vx：节点当前在 x 轴上的速度。
- vy：节点当前在 y 轴上的速度。
- fx：节点固定的 x 位置。
- fy：节点固定的 y 位置。

我们将在以后的示例中介绍 fx 和 fy 及其他属性的用法，这其中包括拖曳——这是固定节点位置最常用的方式之一。

11.3.4　参考阅读

- D3 鼠标交互的更多详细内容可参见第 10 章。

◆ 关于节点属性的细节，可参见 D3 力模拟的节点 API。

11.4 设置连接约束

目前为止，我们已经讲述了力布局的许多重要概念，如引力、相互作用力、摩擦力和速度。本节我们将讨论另外一个重要的功能——连接。正如在简介部分提到的，D3 力的模拟实现了一个可扩展的简单图形约束，本节将讲述不同类型的力彼此结合时是如何利用连接约束的。

11.4.1 准备工作

在浏览器中打开如下文件的本地副本：

https://github.com/NickQiZhu/d3-cookbook-v2/blob/master/src/chapter11/link-constraint.html。

11.4.2 开始编程

在这个例子里，点击鼠标时，将生成一个力导向的粒子环，并通过连接来约束节点。它的实现如下：

```
<script type="text/javascript">
    var w = 1280, h = 800,
            r = 4.5, nodes = [], links = [];

    var force = d3.forceSimulation()
                    .velocityDecay(0.8)
                    .alphaDecay(0)
                    .force("charge",
                        d3.forceManyBody()
                            .strength(-50).distanceMax(h / 4))
                    .force("collision",
                        d3.forceCollide(r + 0.5).strength(1));

    var duration = 10000;

    var svg = d3.select("body")
            .append("svg")
                .attr("width", w)
```

```
            .attr("height", h);

    force.on("tick", function () {
        svg.selectAll("circle")
            .attr("cx", function (d) {return boundX(d.x);})
            .attr("cy", function (d) {return boundY(d.y);});

        svg.selectAll("line")
            .attr("x1", function (d) {return boundX(d.source.x);})
            .attr("y1", function (d) {return boundY(d.source.y);})
            .attr("x2", function (d) {return boundX(d.target.x);})
            .attr("y2", function (d) {return boundY(d.target.y);}
        );
    });

    function boundX(x) {
        return x > (w - r) ? (w - r): (x > r ? x : r);
    }

    function boundY(y){
        return y > (h - r) ? (h - r) : (y > r ? y : r);
    }

    function offset() {
        return Math.random() * 100;
    }

    function createNodes(point) {
        var numberOfNodes = Math.round(Math.random() * 10);
        var newNodes = [];

        for (var i = 0; i < numberOfNodes; ++i) {
            newNodes.push({
                x: point[0] + offset(),
                y: point[1] + offset()
            });
        }

        newNodes.forEach(function(e){nodes.push(e)});

        return newNodes;
    }

    function createLinks(nodes) {
```

```
    var newLinks = [];
    for (var i = 0; i < nodes.length; ++i) { // <-A
        if(i == nodes.length - 1)
            newLinks.push(
                {source: nodes[i], target: nodes[0]}
            );
        else
            newLinks.push(
                {source: nodes[i], target: nodes[i + 1]}
            );
    }

    newLinks.forEach(function(e){links.push(e)});

    return newLinks;
}

svg.on("click", function () {
    var point = d3.mouse(this),
            newNodes = createNodes(point),
            newLinks = createLinks(newNodes);

    newNodes.forEach(function (node) {
        svg.append("circle")
                .data([node])
            .attr("class", "node")
            .attr("cx", function (d) {return d.x;})
            .attr("cy", function (d) {return d.y;})
            .attr("r", 1e-6)
                .call(d3.drag() // <-D
                        .on("start", dragStarted)
                        .on("drag", dragged)
                        .on("end", dragEnded))
                .transition()
            .attr("r", 7)
                .transition()
                .delay(duration)
            .attr("r", 1e-6)
            .on("end", function () {nodes.shift();})
            .remove();
```

```
        });

        newLinks.forEach(function (link) {
            svg.append("line") // <-B
                    .data([link])
                .attr("class", "line")
                .attr("x1", function (d) {return d.source.x;})
                .attr("y1", function (d) {return d.source.y;})
                .attr("x2", function (d) {return d.target.x;})
                .attr("y2", function (d) {return d.target.y;})
                    .transition()
                    .delay(duration)
                .style("stroke-opacity", 1e-6)
                .on("end", function () {links.shift();})
                .remove();
        });

        force.nodes(nodes);
        force.force("link",
                    d3.forceLink(links)
                        .strength(1).distance(20)); // <-C
        force.restart();
    });

    function dragStarted(d) {
        d.fx = d.x; // <-E
        d.fy = d.y;
    }
    function dragged(d) {
        d.fx = d3.event.x; // <-F
        d.fy = d3.event.y;
    }

    function dragEnded(d) {
        d.fx = null; // <-G
        d.fy = null;
    }
</script>
```

在本例中，点击鼠标后会生成一个力导向的粒子环，如图 11-8 所示。

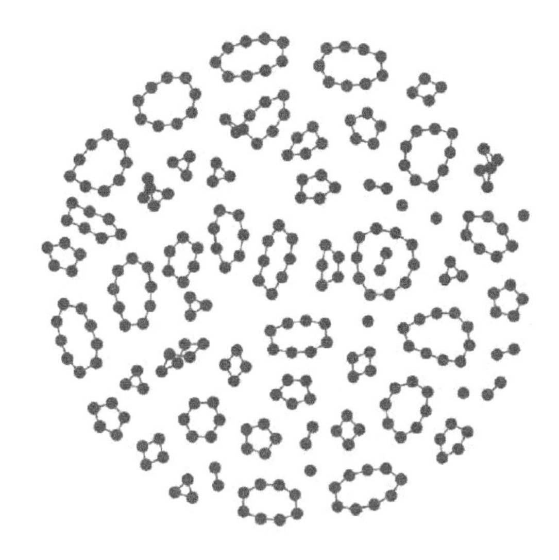

图 11-8　粒子环

11.4.3 工作原理

连接约束为可视化的力学模拟增加了另一个维度。在本例中，力布局的设置如下所示：

```
var force = d3.forceSimulation()
                    .velocityDecay(0.8)
                    .alphaDecay(0)
                    .force("charge", d3.forceManyBody()
                            .strength(-50).distanceMax(h / 4))
                    .force("collision",
                            d3.forceCollide(r + 0.5).strength(1));
```

除了碰撞、相互作用力和摩擦力之外，我们还将相互作用力最高约束设置为 25%，以模拟更局部化的力的相互作用。当用户点击鼠标时，我们将随机创建一些节点，然后由力布局来控制它们，这与前面的示例非常类似。本例中，我们主要添加了连接的创建和控制逻辑，具体如下所示：

```
function createLinks(nodes) {
    var newLinks = [];
    for (var i = 0; i < nodes.length; ++i) { // <-A
        if(i == nodes.length - 1)
            newLinks.push(
                {source: nodes[i], target: nodes[0]}
            );
```

```
            else
                newLinks.push(
                    {source: nodes[i], target: nodes[i + 1]}
                );
        }

        newLinks.forEach(function(e){links.push(e)});

        return newLinks;
    }
    svg.on("click", function () {
        var point = d3.mouse(this),
                newNodes = createNodes(point),
                newLinks = createLinks(newNodes);

        newNodes.forEach(function (node) {
            svg.append("circle")
                    .data([node])
                .attr("class", "node")
                .attr("cx", function (d) {return d.x;})
                .attr("cy", function (d) {return d.y;})
                .attr("r", 1e-6)
                    .call(d3.drag() // <-D
                            .on("start", dragStarted)
                            .on("drag", dragged)
                            .on("end", dragEnded))
                    .transition()
                .attr("r", 7)
                    .transition()
                    .delay(duration)
                .attr("r", 1e-6)
                .on("end", function () {nodes.shift();})
                .remove();
        });

        newLinks.forEach(function (link) {
            svg.append("line") // <-B
                    .data([link])
                .attr("class", "line")
                .attr("x1", function (d) {return d.source.x;})
                .attr("y1", function (d) {return d.source.y;})
                .attr("x2", function (d) {return d.target.x;})
                .attr("y2", function (d) {return d.target.y;})
                    .transition()
                    .delay(duration)
                .style("stroke-opacity", 1e-6)
```

```
            .on("end", function () {links.shift();})
            .remove();
    });

    force.nodes(nodes);
    force.force("link",
                d3.forceLink(links)
                    .strength(1).distance(20)); // <-C
    force.restart();
});
```

createLinks 函数创建了 $n-1$ 个连接对象，它将节点连接成环（见第 A 行的循环语句）。每个连接对象都有 source 和 target 两个属性，它们用来指定连接对象所关联的两个节点。创建完毕后，我们使用 svg:line 来可视化这些连接（见第 B 行）。在下一段代码中，我们会看到，这并不是唯一的方法。事实上，可以使用任何形式来可视化连接，例如隐藏那些连接对象，但是保留布局计算得到的连接关系。之后，我们需要把连接对象添加到力布局的连接数组中（见第 C 行），使得力布局对其可控。d3.forceLink 函数有两个重要的参数——连接距离和连接强度，它们都只与连接相关。

- linkDistance：可以为常量或函数，默认为 20 像素。当布局启动时它开始计算，它由弱几何约束实现。布局不断地计算所有连接节点的距离，并与目标距离进行比较，然后彼此之间的连接会随之调整。
- linkStength：可以为常量或函数，默认为 1。连接强度将连接的强度（硬度）设置为 [0, 1]之间的值。连接强度同样是在布局开始或重置时计算的。

最后，就像对节点的处理方式那样，每条连接都利用 tick 函数计算出 SVG 的力布局位置数据，并转换成需要的格式。

```
force.on("tick", function () {
    svg.selectAll("circle")
        .attr("cx", function (d) {return boundX(d.x);})
        .attr("cy", function (d) {return boundY(d.y);});

    svg.selectAll("line")
        .attr("x1", function (d) {return boundX(d.source.x);})
        .attr("y1", function (d) {return boundY(d.source.y);})
        .attr("x2", function (d) {return boundX(d.target.x);})
        .attr("y2", function (d) {return boundY(d.target.y);});
});
function boundX(x) {
    return x > (w - r) ? (w - r): (x > r ? x : r);
}
```

```
function boundY(y){
    return y > (h - r) ? (h - r) : (y > r ? y : r);
}
```

如上所示，D3 力布局承担了所有的脏活累活，这样一来，我们只需简单地在 tick 函数中设置 svg:line 元素的{x1, y1}和{x2, y2}即可。此外，我们还使用了两个有界的 x 和 y 函数来确保粒子和圆环不会跑到 SVG 画布之外。作为参考，图 11-9 展示了力布局操控下的连接对象。

```
▼Object {source: Object, target: Object}
   index: 0
  ▼source: Object
     index: 0
     vx: 0.053197899638804266
     vy: 0.15091190262538895
     x: 766.0524727424921
     y: 244.44706999976313
   ▶ __proto__: Object
  ▼target: Object
     index: 1
     vx: -0.15306578127921316
     vy: 0.07160339431685558
     x: 752.5331134429422
     y: 281.48223643116603
   ▶ __proto__: Object
  ▶ __proto__: Object
```

图 11-9　连接对象

最后一个值得一提的技术是力拖曳。本节生成的所有节点都是“可拖曳的”，如图 11-10 所示，当用户拖曳环时，力布局将自动重新计算所有的力和约束条件。

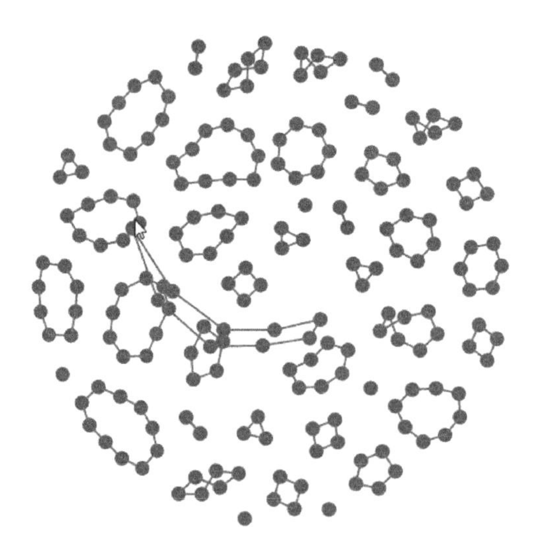

图 11-10　在力布局中拖曳

在下面的代码中，我们在第 D 行中注册了 d3.drag 事件处理程序。

```
newNodes.forEach(function (node) {
    svg.append("circle")
            .data([node])
        .attr("class", "node")
        .attr("cx", function (d) {return d.x;})
        .attr("cy", function (d) {return d.y;})
        .attr("r", 1e-6)
            .call(d3.drag() // <-D
                    .on("start", dragStarted)
                    .on("drag", dragged)
                    .on("end", dragEnded))
            .transition()
        .attr("r", 7)
            .transition()
            .delay(duration)
        .attr("r", 1e-6)
        .on("end", function () {nodes.shift();})
        .remove();
});
```

每个拖曳事件处理程序的实现都是非常简单的。

```
function dragStarted(d) {
    d.fx = d.x; // <-E
    d.fy = d.y;
}

function dragged(d) {
    d.fx = d3.event.x; // <-F
    d.fy = d3.event.y;
}

function dragEnded(d) {
    d.fx = null; // <-G
    d.fy = null;
}
```

当在特定节点上发生拖曳时，我们使用 fx 和 fy 将该特定节点固定到初始位置，如第 E 行所示。在拖曳过程中，我们继续通过用户的鼠标位置更新节点的位置，以便通过拖曳来移动该节点（参见第 F 行）。最后，当拖动结束时，我们解除了节点位置的固定，从而让力模拟再次获得控制权，如第 G 行所示。这是一个通用拖曳支持模式，在可视化过程中经常可以看到它，包括本章后面的一些示例。

11.4.4 参考阅读

有关 force.links ()函数的更多信息可参考 https://github.com/d3/d3-force#links。

11.5 借助力来辅助可视化

与那些使用力模拟的经典应用——力导向图——相同，我们也使用力模拟来可视化粒子及其连接。力模拟最初正是为这一效果设计的。然而，其用法并不局限于此。本节我们将探索一些名为力辅助可视化的技术。借助这些技术，可以通过力为可视化增加更多的随机性和任意性。

11.5.1 准备工作

在浏览器中打开如下文件的本地副本：

https://github.com/NickQiZhu/d3-cookbook-v2/blob/master/src/chapter11/arbitrary-visualization.html。

11.5.2 开始编程

本例的效果是随着鼠标点击生成气泡。这些气泡由 svg:path 元素生成，并以渐变色彩填充。虽然 svg:path 元素会受力布局的影响，但它并未被力布局完全控制。这样，通过添加随机性可以更好地模拟现实世界中的气泡。

```
<svg>
    <defs>
        <radialGradient id="gradient" cx="50%" cy="50%"
                                r="100%" fx="50%" fy="50%">
            <stop offset="0%"
                style="stop-color:blue;stop-opacity:0"/>
            <stop offset="100%"
                style="stop-color:rgb(255,255,255);stop-opacity:1"/>
        </radialGradient>
    </defs>
```

```
</svg>

<script type="text/javascript">
    var w = 1280, h = 800,
            r = 4.5, nodes = [], links = [];

    var force = d3.forceSimulation()
                .velocityDecay(0.8)
                .alphaDecay(0)
                .force("charge", d3.forceManyBody()
                        .strength(-50).distanceMax(h / 4))
                .force("collision",
                        d3.forceCollide(r + 0.5).strength(1))
                .force("position", d3.forceY(h / 2));

    var duration = 60000;

    var svg = d3.select("svg")
            .attr("width", w)
            .attr("height", h);


    var line = d3.line() // <-A
        .curve(d3.curveBasisClosed)
        .x(function(d){return d.x;})
        .y(function(d){return d.y;});

    force.on("tick", function () {
        svg.selectAll("path")
            .attr("d", line);
    });

    function offset() {
        return Math.random() * 100;
    }

    function createNodes(point) {
        var numberOfNodes = Math.round(Math.random() * 10);
        var newNodes = [];

        for (var i = 0; i < numberOfNodes; ++i) {
            newNodes.push({
                x: point[0] + offset(),
                y: point[1] + offset()
            });
        }

        newNodes.forEach(function(e){nodes.push(e)});
```

```
        return newNodes;
    }

    function createLinks(nodes) {
        var newLinks = [];
        for (var i = 0; i < nodes.length; ++i) {
            if(i == nodes.length - 1)
                newLinks.push(
                    {source: nodes[i], target: nodes[0]}
                );
            else
                newLinks.push(
                   {source: nodes[i], target: nodes[i + 1]}
                );
        }

        newLinks.forEach(function(e){links.push(e)});

        return newLinks;
    }

    svg.on("click", function () {
        var point = d3.mouse(this),
                newNodes = createNodes(point),
                newLinks = createLinks(newNodes);

        console.log(point);

        svg.append("path")
                .data([newNodes])
            .attr("class", "bubble")
            .attr("fill", "url(#gradient)") // <-B
            .attr("d", function(d){return line(d);})
                .transition().delay(duration) // <-C
            .attr("fill-opacity", 0)
            .attr("stroke-opacity", 0)
            .on("end", function(){d3.select(this).remove();});

        force.nodes(nodes);
        force.force("link",
                d3.forceLink(links).strength(1).distance(20));
        force.restart();
    });
</script>
```

本例中，当用户点击鼠标时，生成气泡，如图 11-11 所示。

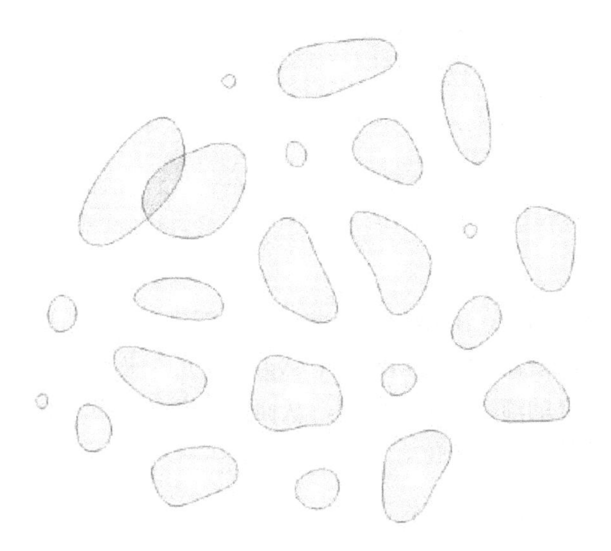

图 11-11　力辅助气泡图

11.5.3　工作原理

这个例子基于前面的例子实现，因此它们的实现方式大体类似。在前面的例子里，我们创建了受力控制的粒子环。二者的不同之处在于，本例使用 d3.line 生成器来创建 svg:path 元素，生成气泡的轮廓，而上例使用的是 svg:circle 和 svg:line。

```
var line = d3.line() // <-A
            .curve(d3.curveBasisClosed)
            .x(function(d){return d.x;})
            .y(function(d){return d.y;});
...
svg.on("click", function () {
        var point = d3.mouse(this),
                newNodes = createNodes(point),
                newLinks = createLinks(newNodes);

        console.log(point);

        svg.append("path")
                .data([newNodes])
            .attr("class", "bubble")
            .attr("fill", "url(#gradient)") // <-B
            .attr("d", function(d){return line(d);}) // <-C
                .transition().delay(duration)
            .attr("fill-opacity", 0)
```

```
            .attr("stroke-opacity", 0)
            .on("end", function(){d3.select(this).remove();});

        force.nodes(nodes);
        force.force("link",
                d3.forceLink(links).strength(1).distance(20));
        force.restart();
    });
```

在第 A 行中，基于 d3.curveBasisClosed 曲线模式创建一个线生成器，从而为气泡绘制了平滑轮廓。一旦用户点击鼠标，就创建一个 svg:path 元素来连接所有节点（见第 C 行）。此外，我们使用预先定义的渐变色填充气泡，从而达到发光效果（见第 B 行）。最后，还需要在 tick 函数中实现基于力的定位。

```
force.on("tick", function () {
    svg.selectAll("path")
        .attr("d", line);
});
```

在 tick 函数中，再次调用线生成器函数来为每个路径更新属性 d，这样一来，就为气泡形成了动画效果。

11.5.4 参考阅读

D3 中的线生成器可参见第 7 章。

11.6 操作“力”

到目前为止，我们已经介绍了 D3 力的应用以及许多有趣的内容，但是所有示例都只是直接应用了力布局的计算（引力、相互作用力、摩擦力、碰撞和速度）。在本例中，我们将进一步实现力的自定义，以此来创建自己的力。本节示例中，首先生成了 5 个不同颜色粒子的集合，然后为用户触摸设置特定的颜色和力，从而只拖动颜色匹配的粒子。这个例子稍微有点复杂。单指触摸时会生成一个蓝色的圆，所有蓝色的粒子会聚集在该圆中；两指触摸时会再生成一个橘色的圆圈，同样只能拖动橘色的粒子。这种类型的力操作通常称为多点聚焦分类（categorical multi-foci）。

11.6.1 准备工作

在浏览器中打开如下文件的本地副本：

https://github.com/NickQiZhu/d3-cookbook-v2/blob/master/src/chapter11/multi-foci.html。

11.6.2 开始编程

参考如下代码。

```
<script type="text/javascript">
    var svg = d3.select("body").append("svg"),
            colors = d3.scaleOrdinal(d3.schemeCategory20c),
            r = 4.5,
            w = 1290,
            h = 800;

    svg.attr("width", w).attr("height", h);

    var force = d3.forceSimulation()
                    .velocityDecay(0.8)
                    .alphaDecay(0)
                    .force("charge",
                        d3.forceManyBody().strength(-30))
                    .force("x", d3.forceX(w / 2))
                    .force("y", d3.forceY(h / 2))
                    .force("collision",
                        d3.forceCollide(r + 0.5).strength(1));

    var nodes = [], centers = [];

    for (var i = 0; i < 5; ++i) {
        for (var j = 0; j < 50; ++j) {
            nodes.push({
                x: w / 2 + offset(),
                y: h / 2 + offset(),
                color: colors(i), // <-A
                type: i // <-B
            });
        }
    }

    force.nodes(nodes);
```

```
function offset() {
    return Math.random() * 100;
}

function boundX(x) {
    return x > (w - r) ? (w - r): (x > r ? x : r);
}

function boundY(y){
    return y > (h - r) ? (h - r) : (y > r ? y : r);
}

svg.selectAll("circle")
            .data(nodes).enter()
        .append("circle")
        .attr("class", "node")
        .attr("cx", function (d) {return d.x;})
        .attr("cy", function (d) {return d.y;})
        .attr("fill", function(d){return d.color;})
        .attr("r", 1e-6)
            .transition()
        .attr("r", r);

force.on("tick", function() {
    var k = 0.1;
    nodes.forEach(function(node) {
        var center = centers[node.type];
        if(center){
            node.x += (center[0] - node.x) * k;
            node.y += (center[1] - node.y) * k;
        }
    });

    svg.selectAll("circle")
        .attr("cx", function (d) {return boundX(d.x);})
        .attr("cy", function (d) {return boundY(d.y);});
});

d3.select("body")
    .on("touchstart", touch)
    .on("touchend", touch);

function touch() {
    d3.event.preventDefault();

    centers = d3.touches(svg.node());
```

```
        console.log(centers);

        var g = svg.selectAll("g.touch")
                .data(centers, function (d) {
                    return d.identifier;
                });

        g.enter()
            .append("g")
            .attr("class", "touch")
            .attr("transform", function (d) {
                return "translate(" + d[0] + "," + d[1] + ")";
            })
            .append("circle")
                .attr("class", "touch")
                .attr("fill",
                        function(d){return colors(d.identifier);})
                    .transition()
                .attr("r", 50);

        g.exit().remove();
    }
</script>
```

上述代码将生成图 11-12 所示的触控效果。

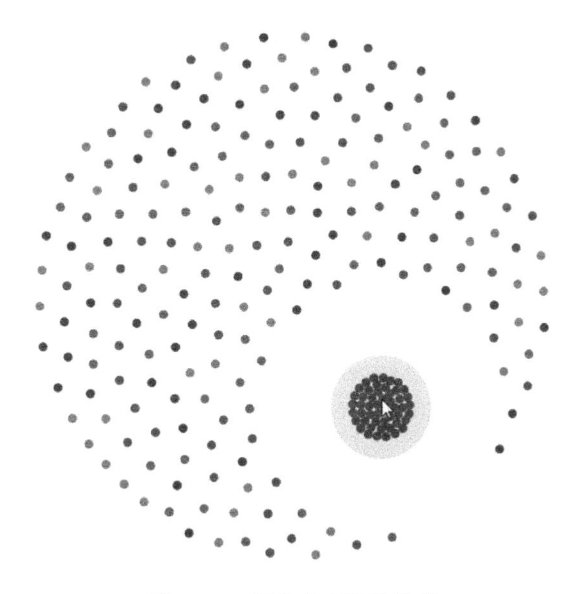

图 11-12　触控多点聚焦分类

11.6.3 工作原理

示例的第一步是创建有色粒子，并使定位与斥力均衡。所有的节点对象都分别包含了单独的 color 和 type ID 属性（如第 A 和 B 行所示），以便于之后进行识别。接下来，我们通过力模拟来管理所有粒子的定位，这些事情在前面的例子中都见过了。

```
var force = d3.forceSimulation()
                    .velocityDecay(0.8)
                    .alphaDecay(0)
                    .force("charge",
                        d3.forceManyBody().strength(-30))
                    .force("x", d3.forceX(w / 2))
                    .force("y", d3.forceY(h / 2))
                    .force("collision",
                        d3.forceCollide(r + 0.5).strength(1));

    var nodes = [], centers = [];

    for (var i = 0; i < 5; ++i) {
        for (var j = 0; j < 50; ++j) {
            nodes.push({
                x: w / 2 + offset(),
                y: h / 2 + offset(),
                color: colors(i), // <-A
                type: i // <-B
            });
        }
}
    force.nodes(nodes); // <-C
```

接下来，我们需要随着用户的触摸创建 svg:circle 对象来表示触摸点。

```
function touch() {
        d3.event.preventDefault();

        centers = d3.touches(svg.node());

        var g = svg.selectAll("g.touch")
                .data(centers, function (d) {
                    return d.identifier;
```

```
                });

            g.enter()
                .append("g")
                .attr("class", "touch")
                .attr("transform", function (d) {
                    return "translate(" + d[0] + "," + d[1] + ")";
                })
                .append("circle")
                    .attr("class", "touch")
                    .attr("fill",
                        function(d){return colors(d.identifier);})
                        .transition()
                    .attr("r", 50);

            g.exit().remove();
        }
```

这是非常标准的多点触控绘图，我们在第 10 章的相关示例中已经见过了。一旦识别出了触控点，自定义力的所有奥秘就在 tick 函数里了。现在，我们来看一下 tick 函数。

```
force.on("tick", function() {
    var k = 0.1;
    nodes.forEach(function(node) {
        var center = centers[node.type]; // <-C
        if(center){
            node.x += (center[0] - node.x) * k; // <-D
            node.y += (center[1] - node.y) * k; // <-E
        }
    });

    svg.selectAll("circle") // <-F
        .attr("cx", function (d) {return boundX(d.x);})
        .attr("cy", function (d) {return boundY(d.y);});
});
```

在这个 tick 函数中，有些代码我们已经比较熟悉了，例如第 F 行为通过力模拟来控制粒子在画布中的位置；但是，这里也引入了自定义的力。在第 C 行，遍历所有的节点，以便找出表示用户触摸中心的节点。一旦找到了触摸中心，我们就利用系数 k 让这个粒子朝着这个中心移动，每次一个 tick（见第 D 和 E 行）。这个系数的取值越大，向触摸点移动的速度就越快。

11.6.4 参考阅读

关于多点触摸设备的例子，可以参见第 10 章。

11.7 创建力导向图

最后，我们来看一下如何实现力导向图——D3 力的经典应用。我们相信，借助本章目前介绍的所有技术，实现力导向图形应该易如反掌。

11.7.1 准备工作

在浏览器中打开如下文件的本地副本：

https://github.com/NickQiZhu/d3-cookbook-v2/blob/master/src/chapter11/force-directed-graph.html。

11.7.2 开始编程

本例我们将 flare 工程的统计数据可视化为一个力导向树（树是一种特殊的图）。

```
<script type="text/javascript">
    var w = 1280,
            h = 800,
            r = 4.5,
            colors = d3.scaleOrdinal(d3.schemeCategory20c);

    var force = d3.forceSimulation()
            .velocityDecay(0.8)
            .alphaDecay(0)
            .force("charge", d3.forceManyBody())
            .force("x", d3.forceX(w / 2))
            .force("y", d3.forceY(h / 2));

    var svg = d3.select("body").append("svg")
            .attr("width", w)
            .attr("height", h);

    d3.json("../../data/flare.json", function (data) {
```

```
    var root = d3.hierarchy(data);
    var nodes = root.descendants();
    var links = root.links();

    force.nodes(nodes);
    force.force("link",
        d3.forceLink(links).strength(1).distance(20));

      var link = svg.selectAll("line")
          .data(links)
       .enter().insert("line")
          .style("stroke", "#999")
          .style("stroke-width", "1px");

      var nodeElements = svg.selectAll("circle.node")
          .data(nodes)
        .enter().append("circle")
          .attr("r", r)
          .style("fill", function(d) {
                return colors(d.parent && d.parent.data.name);
          })
          .style("stroke", "#000")
          .call(d3.drag()
                  .on("start", dragStarted)
                  .on("drag", dragged)
                  .on("end", dragEnded));

    force.on("tick", function(e) {
      link.attr("x1", function(d) { return d.source.x; })
        .attr("y1", function(d) { return d.source.y; })
        .attr("x2", function(d) { return d.target.x; })
        .attr("y2", function(d) { return d.target.y; });

       nodeElements.attr("cx", function(d) { return d.x; })
        .attr("cy", function(d) { return d.y; });
     });
});

function dragStarted(d) {
    d.fx = d.x;
    d.fy = d.y;
}
```

```
    function dragged(d) {
        d.fx = d3.event.x;
        d.fy = d3.event.y;
    }

    function dragEnded(d) {
        d.fx = null;
        d.fy = null;
    }
</script>
```

本例将层级数据集可视化为一个力导向树，如图 11-13 所示。

图 11-13　力导向图（树）

11.7.3　工作原理

如上所示，这个例子非常短小，而且 1/4 的代码是专门处理数据的。这是因为，力布局最初是用来生成力导向图的。因此，只需要给布局应用正确的数据结构就可以了。首先，我们使用标准 d3.hierarchy 函数来处理分层数据集（见第 A 行），从而得到 d3.force 所需的节点和连接数据结构。

```
d3.json("../../data/flare.json", function (data) {
        var root = d3.hierarchy(data); // <-A
        var nodes = root.descendants(); // <-B
        var links = root.links(); // <-C
        force.nodes(nodes); // <-D
        force.force("link", // <-E
                d3.forceLink(links).strength(1).distance(20));
        ...
}
```

在第 B 行，我们利用 d3.hierarchy.descendants 函数取得树中的所有节点；在第 C 行，使用 d3.hierachy.links 函数获取节点之间的连接。这些就是 d3.force 所需的数据结构。一旦获取了这些数据，就可以直接传递给模拟器进行模拟了，具体代码见第 D 和 E 行。代码中的其余部分与本章中设置连接约束的例子非常相似。我们创建了 svg：link 元素来代表连接，并用 svg：circle 元素来表示图中的节点。

```
var link = svg.selectAll("line")
    .data(links)
  .enter().insert("line")
    .style("stroke", "#999")
    .style("stroke-width", "1px");

var nodeElements = svg.selectAll("circle.node")
    .data(nodes)
  .enter().append("circle")
    .attr("r", r)
    .style("fill", function(d) { // <-F
        return colors(d.parent && d.parent.data.name);
    })
    .style("stroke", "#000")
    .call(d3.drag() // <-G
            .on("start", dragStarted)
            .on("drag", dragged)
            .on("end", dragEnded));
```

需要说明的是，在第 F 行我们使用了父节点的名称来对节点进行着色，所以属于同一父节点的所有子节点的颜色都是一样的，而在第 G 行，我们使用 11.4 节中提到的通用拖曳支持模式来为图形提供拖曳功能。最后，我们通过 tick 函数让力模拟来控制节点和连接的定位。

```
force.on("tick", function(e) {
  link.attr("x1", function(d) { return d.source.x; })
      .attr("y1", function(d) { return d.source.y; })
      .attr("x2", function(d) { return d.target.x; })
      .attr("y2", function(d) { return d.target.y; });

  nodeElements.attr("cx", function(d) { return d.x; })
      .attr("cy", function(d) { return d.y; });
});
```

11.7.4 参考阅读

- 关于 D3 树布局的信息，可参阅第 9 章中的构建树的示例。
- 关于力导向图的详细信息，可访问 wikipedia 关于 Force-directed_graph_drawing 的条目。

第 12 章
地图的奥秘

本章涵盖以下内容：

- 美国地图的投影
- 等值区域图的构建

12.1 简介

在可视化领域中，将数据点投影和关联到地理区域上，是一个非常关键的内容。地理数据可视化是一个非常复杂的话题。当今，各种标准不断产生，并在相互竞争和融合中逐步走向成熟。D3 提供了为数不多的用于绘制地理、地图信息的方法。在本章，我们将对 D3 地图可视化中比较基本的概念进行介绍，并运用 D3 绘制一个全功能的等值区域图（一种特殊用途的彩色地图）。

12.2 美国地图的投影

在本例中，我们将使用 D3 的 GEO API 绘制美国地图，同时简单介绍几种用来描述地理数据 JSON 数据格式。首先来看 JavaScript 是如何展示和消费地理数据的。

12.2.1 GeoJSON

第一个要介绍的 JavaScript 标准地理数据格式为 GeoJSON。GeoJSON 与其他 GIS 标准格式不同，它由一个互联网开发组织开发和维护。2016 年 8 月，互联联网工程工作小组

（IETF）颁布 RFC7946，对其进行了标准化处理。

GeoJSON 是一种格式，专门对多种地理数据结构进行编码。GeoJSON 可以支持点、线、多边形、多点、多线、多个多边形等几何类型。特征对象是具有一些附加属性的几何对象。特征集合通常保存在 FeatureCollection 对象中。

摘自：geojson 网站

GeoJSON 是一种非常流行的用于编码 GIS 信息的标准，支持多种开源以及商业软件。GeoJSON 将纬度和经度点作为它的坐标，因此，它要求所有软件（包括 D3 在内），提供相应的 projection、scale 以及 translation 的方法，以便用于数据可视化。下面的 GeoJSON 数据描述了阿拉巴马州的状态特征坐标。

```
{
  "type":"FeatureCollection",
  "features":[{
    "type":"Feature",
    "id":"01",
    "properties":{"name":"AL"},
    "geometry":{
      "type":"Polygon",
      "coordinates":[[
        [-87.359296,35.00118],
        [-85.606675,34.984749],
        [-85.431413,34.124869],
        [-85.184951,32.859696],
        ...
        [-88.202745,34.995703],
        [-87.359296,35.00118]
      ]]
    }]
}
```

GeoJSON 是目前 JavaScript 项目处理 GIS 信息的标准格式，D3 对其有很好的支持，但是使用前，我们先来看看另一项与 GeoJSON 息息相关的新技术吧！

TopoJSON

TopoJSON 是 GeoJSON 的一个拓展，用于拓扑图编码。TopoJSON 文件中的几何体并不是离散的，而是经由共享的线段聚集在一起的，这些共享的线段称为弧。该技术与 Matt

Bloch 的 MapShaper 和 Arc/Info Export 格式.e00 非常类似。

TopoJSON Wiki

TopoJSON 的创始人正是 D3 的作者 Mike Bostock，TopoJSON 设计之初是为了弥补 GeoJSON 在描述地理信息时提供相似特征集方面缺陷的。在大多数情况下，TopoJSON 可以取代 GeoJSON 作为地图可视化的主力军，只因其具有更轻量级的架构以及更好的性能。因此，在本章，我们将使用 TopoJSON 而非 GeoJSON。不过，本节所讨论的所有技术仍然适用于 GeoJSON。由于代码可读性很差，我们将不会列举 TopoJSON 的样例。但是，你仍然可以通过 GDAL 提供的 ogr2ogr 命令行工具，方便地将 shapefiles（一种较为流行的开源地理矢量格式文件）转换为 TopoJSON 文件。

有了这些背景知识以后，我们就来看看 D3 究竟是如何绘制地图的吧。

12.2.2　准备工作

在浏览器中打开如下文件的本地副本（该文件需要依赖于本地的 HTTP 服务器）：

`https://github.com/NickQiZhu/d3-cookbook-v2/blob/master/src/chapter12/usa.html`。

12.2.3　开始编程

在这段代码中，我们将加载美国的 TopoJSON 数据，并且使用 D3 的 Geo API 来渲染它们。示例代码如下所示：

```
<script type="text/javascript">
    var width = 960,
            height = 500;

    var projection = d3.geoAlbersUsa();

    var path = d3.geoPath()
            .projection(projection);

    var svg = d3.select("body").append("svg")
            .attr("width", width)
            .attr("height", height);

    var g = svg.append('g')
```

```
            .call(d3.zoom()
                    .scaleExtent([1, 10])
                    .on("zoom", zoomHandler));


    d3.json("../../data/us.json", function (error, us) { // <- A
        g.insert("path")
                .datum(topojson.feature(us, us.objects.land))
                .attr("class", "land")
                .attr("d", path);

        g.selectAll("path.state")
                    .data(topojson.feature(us,
                          us.objects.states).features)
                .enter()
                    .append("path")
                    .attr("class", "state")
                    .attr("d", path);
    });

    function zoomHandler() {
        var transform = d3.event.transform;

        g.attr("transform", "translate("
                + transform.x + "," + transform.y
                + ")scale(" + transform.k + ")");
    }
</script>
```

这段代码使用 Albers USA 模式来投射美国地图，如图 12-1 所示。

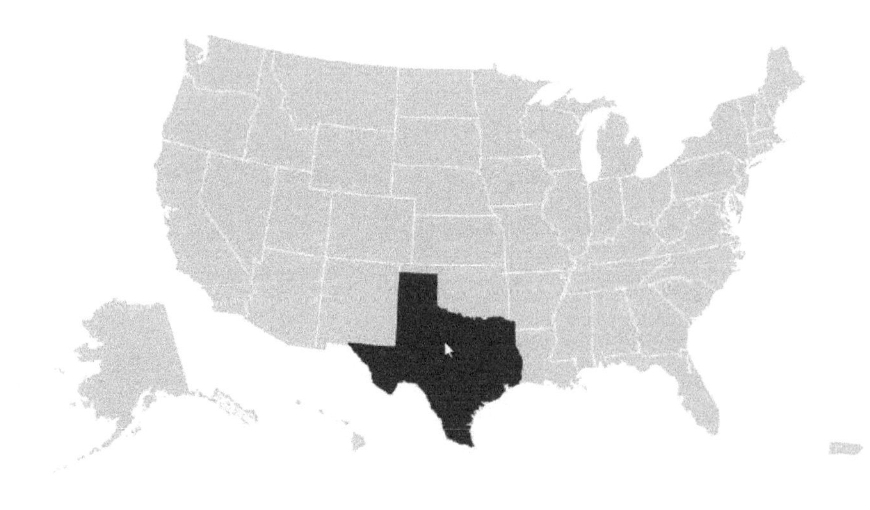

图 12-1　Albers USA 模式投射的美国地图

12.2.4　工作原理

上述代码通过 TopoJSON 来投射美国地图，代码的 D3 部分，尤其是地图映射部分非常短。这主要得益于 D3 的地图 API 以及 TopoJSON 库，它们都旨在减轻开发者的负担。绘制地图的第一步需要加载一个 TopoJSON 数据文件（如第 A 行所示）。图 12-2 展示了拓扑数据加载后的结构。

```
▼ Object {type: "Topology", transform: Object, objects: Object, arcs: Array[10890]}
  ▶ arcs: Array[10890]
  ▼ objects: Object
    ▶ counties: Object
    ▶ land: Object
    ▼ states: Object
      ▶ geometries: Array[53]
        type: "GeometryCollection"
      ▶ __proto__: Object
    ▶ __proto__: Object
  ▶ transform: Object
    type: "Topology"
  ▶ __proto__: Object
```

图 12-2　TopoJSON 的拓扑数据

加载拓扑数据后，我们所要做的就是使用 TopoJSON 库的 topojson.feature 函数，将拓扑转化为坐标，这个坐标与 GeoJSON 格式中提供的坐标类似，如图 12-3 所示。

```
▼ Object {type: "FeatureCollection", features: Array[53]}
  ▶ features: Array[53]
    type: "FeatureCollection"
  ▶ __proto__: Object
```

图 12-3　使用 topojson.feature 函数生成的 features 集合

随后 d3.geo.path 就可以自动识别并使用这些坐标生成 svg:path，详见如下代码中的相关部分。

```
var path = d3.geoPath() // <- A
            .projection(d3.geoAlbersUsa());
...
g.insert("path") // <-B
                .datum(topojson.feature(us, us.objects.land))
                .attr("class", "land")
                .attr("d", path);

        g.selectAll("path.state")
                .data(topojson.feature(us,
```

```
                    us.objects.states).features) // <-C
                .enter()
                    .append("path")
                    .attr("class", "state")
                    .attr("d", path);
```

在第 A 行中，我们首先创建一个配置有 Albers USA 投影模式的 D3 GEO 路径对象。然后插入了描述有美国地图轮廓的 svg：path，这可以通过单个 svg：path 元素（见第 B 行）来实现。对于每个州的轮廓，我们使用第 C 行中生成的特征集合为每个州创建一个 svg:path，以使能够在某个州的地图上面悬停时，会突出显示相应的轮廓。使用单独的 SVG 元素表示各个州的好处就是能够对用户的交互做出响应，如点击和触摸等。

就是这样！这就是在 D3 中使用 TopoJSON 设计地图的全部内容。另外，我们还为父 svg:g 元素增加了一个缩放处理程序。

```
var g = svg.append('g')
        .call(d3.zoom()
                .scaleExtent([1, 10])
                .on("zoom", zoomHandler));
```

有了它，用户就可以灵活地在地图上进行缩放操作了。

12.2.5 参考阅读

- 有关异步数据加载的信息，可参见第 3 章。
- 有关缩放的信息，可参见第 10 章。
- 关于 Albers USA 映射可参见 Mike Bostock 的文章。

12.3 等值区域图的构建

等值区域图是特殊地图，它的存在是为了一个特殊目的——通过使用不同的颜色区域或模式，在地图上展示不同的统计情况，有时也称为热度地图。在之前的两段代码中，我们也看到 D3 的地图映射由一系列的 svg:path 元素组成，因此，包括上色在内，地图的所有信息都可以通过 SVG 元素来操作。本例中，我们将从地理投射的角度来研究如何实现等值区域图。

12.3.1 准备工作

在浏览器中打开如下文件的本地副本（该文件需要依赖于本地 HTTP 服务器）：

https://github.com/NickQiZhu/d3-cookbook-v2/blob/master/src/chapter12/choropleth.html。

12.3.2 开始编程

在等值区域图中，不同的地理区域会根据其相应的统计量来上色。在本例中，根据 2008 年美国的失业率情况，我们对不同区域使用不同颜色。实现细节参见如下代码：

```
<script type="text/javascript">
    var width = 960,
            height = 500;

    var color = d3.scaleThreshold()
            .domain([.02, .04, .06, .08, .10]) // <-A
            .range(["#f2f0f7", "#dadaeb", "#bcbddc",
                    "#9e9ac8", "#756bb1", "#54278f"]);

    var projection = d3.geoAlbersUsa();

    var path = d3.geoPath()
            .projection(projection);

    var svg = d3.select("body").append("svg")
            .attr("width", width)
            .attr("height", height);

    var g = svg.append("g")
            .call(d3.zoom()
            .scaleExtent([1, 10])
            .on("zoom", zoomHandler));

    d3.json("../../data/us.json", function (error, us) { // <-B
        d3.tsv("../../data/unemployment.tsv",
```

```
                function (error, unemployment) {
            var rateById = {};

            unemployment.forEach(function (d) { // <-C
                rateById[d.id] = +d.rate;
            });
            g.append("g")
                    .attr("class", "counties")
                    .selectAll("path")
                    .data(topojson.feature(us,
                            us.objects.counties).features)
                    .enter().append("path")
                    .attr("d", path)
                    .style("fill", function (d) {
                        return color(rateById[d.id]); // <-D
                    });

            g.append("path")
                    .datum(topojson.mesh(us, // <-E
                            us.objects.states,
                             function(a, b) {
                                return a !== b;
                    }))
                    .attr("class", "states")
                    .attr("d", path);
        });
    });

    function zoomHandler() {
        var transform = d3.event.transform;

        g.attr("transform", "translate("
                + transform.x + "," + transform.y
                + ")scale(" + transform.k + ")");
    }
</script>
```

上述代码的效果如图 12-4 所示。

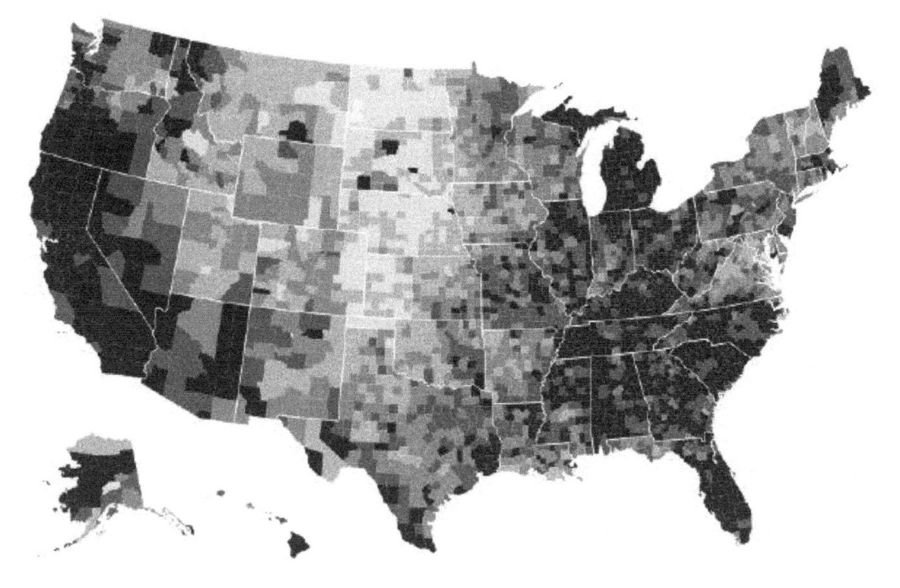

图 12-4　2008 年美国失业率等值区域图

12.3.3　工作原理

在本例中，我们加载了两个不同的数据集：一个是美国的拓扑数据，另一个是 2008 年美国本土失业率（见第 B 行）。这种技术的关键在于分层，并且不一定局限于两层。失业率通过 ID 和各个州绑定在一起（如第 B 和 C 行所示）。区域上色通过阈值尺度实现（如第 A 行所示）。

12.3.4　参考阅读

- 有关 mesh 函数的信息，可参见 https://github.com/topojson/topojson-client#mesh。
- 有关阈值尺度的信息可参见 https://github.com/d3/d3-scale/blob/master/README.md#scaleThreshold。
- 可参阅 Mike Bostock 的博客中关于构建等值区域图的文章。

第 13 章
测试驱动

本章涵盖以下内容：

- 下载 Jasmine 并搭建测试环境
- 测试驱动——创建图表
- 测试驱动——SVG 渲染
- 测试驱动——精确渲染

13.1 简介

无论何时，都应测试我们的程序，以确保系统按照设想的方式工作，并得到预期结果。D3 程序主要由 JavaScript 代码组成，因此与其他程序一样，也需要通过测试保证底层数据显示的正确性。很显然，我们可以通过直接观察和手动测试的方式来测试数据可视化程序，这是数据可视化程序构建中一个非常重要的环节。直接观察不仅可以检测其正确性，而且可以从如美观、易用性等其他方面进行评估。但是，直接观察会非常主观，因此，在本章我们将集中介绍自动化单元测试。在单元测试的帮助下，可以将可视化开发者从繁重的手动测试中解放出来，而将精力更多地集中在美学、易用性以及其他重要但又难以通过自动化测试来验证的地方。

单元测试简介

单元测试是一种方法，它通过运行测试用例程序来验证程序的最小（执行）单元。这样做的原因在于，单元级别的程序通常都较为简单而且易于测试。如果我们可以验证程序的每个单元都是正确的，那么对集成的效果也会更有信心。此外，单元测试通常都代价很小，而且执行起来较快，因此一组单元测试可以快速、频繁地执行以反馈程序是否在正确地工作。

软件测试是一个复杂的话题，到目前为止我们也只是触及了它的皮毛，但是，由于本章的篇幅限制，我们暂且把它放到一边，还是先深入单元测试的编写吧！

更多与测试相关的信息，可关注以下链接。
单元测试：wikipedia 关于 Unit_testing 的条目
测试驱动开发：wikipedia 关于 Test-driven_development 的条目
代码覆盖率：wikipedia 关于 Code_coverage 的条目

13.2 下载 Jasmine 并搭建测试环境

在开始写单元测试用例之前，我们需要搭建一个测试环境，以便运行测试用例并验证我们的实现。在本节中，我们将展示如何搭建可视化工程的测试环境。

13.2.1 准备工作

Jasmine 是一个用于测试 JavaScript 代码的行为驱动开发（BDD）框架。

BDD 是一项将领域驱动设计和测试驱动开发（TDD）相结合的软件开发技术。

选择使用 Jasmine 作为我们的测试框架，是因为它在 JavaScript 社区中相当普及，并良好地支持了 BDD 语法。我们可以从 https://github.com/jasmine/jasmine/releases 来下载 Jasmine 库。

下载成功后需要将其解压到 lib 文件夹。在与 lib 文件夹同级的目录下，创建 src 和 spec 两个文件夹，分别用来存放源文件和测试用例文件（BDD 测试专业术语中，测试用例称为规范），最终文件目录结构如图 13-1 所示。

```
├── lib
│   └── jasmine-2.5.2
│       ├── boot.js
│       ├── console.js
│       ├── jasmine.css
│       ├── jasmine_favicon.png
│       ├── jasmine-html.js
│       ├── jasmine.js
│       └── MIT.LICENSE
├── spec
│   ├── bar_chart_spec.js
│   └── spec_helper.js
├── SpecRunner.html
├── src
│   └── bar_chart.js
└── tdd-bar-chart.html
```

图 13-1　测试目录的结构

13.2.2　开始编程

在 Jasmine 环境准备就绪后，还需要创建一个包含 Jasmine 库、待测试的源代码引用以及测试用例的 HTML 页面，才能开始进行测试工作。首先创建一个名为 SpecRunner.html 的文件，其中包含如下代码。

```
<!DOCTYPE html>
<html>
<head>
  <meta charset="utf-8">
  <title>Jasmine Spec Runner v2.5.2</title>
  <link rel="shortcut icon" type="image/png"
           href="lib/jasmine-2.5.2/jasmine_favicon.png">
  <link rel="stylesheet" href="lib/jasmine-2.5.2/jasmine.css">

  <script src="lib/jasmine-2.5.2/jasmine.js"></script>
  <script src="lib/jasmine-2.5.2/jasmine-html.js"></script>
  <script src="lib/jasmine-2.5.2/boot.js"></script>

  <!-- include source files here... -->
  <script src="src/bar_chart.js"></script>

  <!-- include spec files here... -->
  <script src="spec/spec_helper.js"></script>
  <script src="spec/bar_chart_spec.js"></script>

</head>
```

```
<body>
</body>
</html>
```

13.2.3　工作原理

这段代码遵循 Jasmine spec 执行器的结构，直接把执行结果展示在页面中。现在，我们已经有了一个全功能的测试环境。如果打开 SpecRunner.html 文件，可以看到一个空白页，而当签出代码示例后，就可以看到图 13-2 所示的报告。

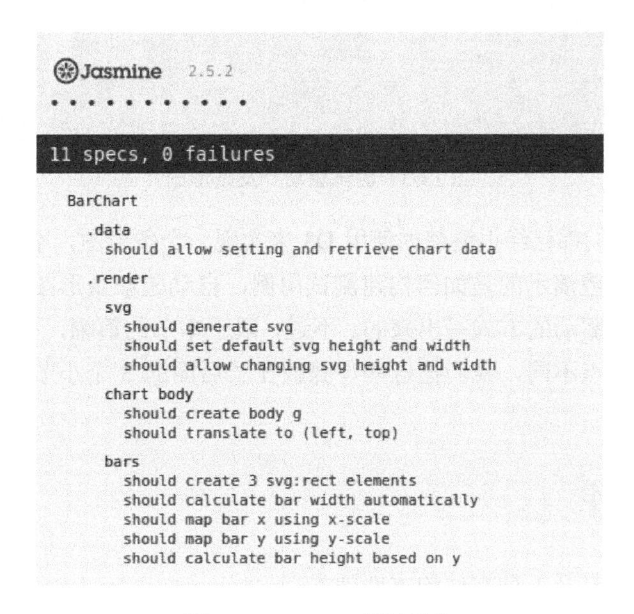

图 13-2　Jasmine 测试报告

13.2.4　参考阅读

关于行为驱动开发可参见 wikipedia 关于 Behavior-driven_development 的条目。

13.3　测试驱动——创建图表

测试环境准备好后，我们来生成一个与第 8 章中例子类似的条形图，只不过这次要用测试驱动的方式来操作。我们可以打开 tdd-bar-chart.html 文件看看这个条形图的模样，如图 13-3 所示。

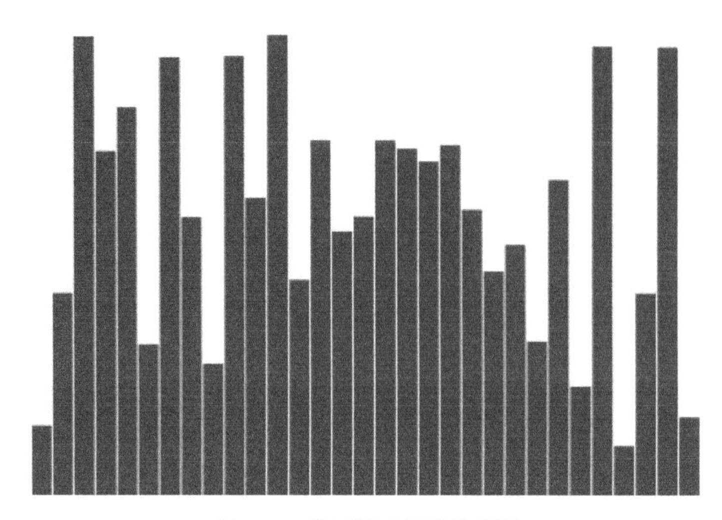

图 13-3 测试驱动开发条形图

到目前为止，我们都已经很清楚如何用 D3 来实现一个条形图，不过，制作条形图并非本节的重点。我们希望演示的是如何构建测试用例，自动验证条形图的实现是否正确。本节的源码都是用测试驱动的方式写出来的。不过，限于本书的篇幅，不会把 TDD 的每一步都列出来。根据侧重点不同，我们把这些步骤放在了后面的 3 个小节中，而本小节是我们要做的第一步。

13.3.1 准备工作

在文字编辑器中打开下列文件的本地副本：

- https://github.com/NickQiZhu/d3-cookbook-v2/blob/master/src/chapter13/src/bar_chart.js；
- https://github.com/NickQiZhu/d3-cookbook-v2/blob/master/src/chapter13/spec/bar_chart_spec.js。

13.3.2 开始编程

首先，要确保条形图的实现代码已经存在，并可以接收数据。最开始的代码可以粗略一些，我们可以从最简单的功能开始来搭建这个工程的基本框架。该测试用例如下所示：

```
describe('BarChart', function () {
```

```
    var div,
        chart,
        data = [
            {x: 0, y: 0},
            {x: 1, y: 3},
            {x: 2, y: 6}
        ];

    beforeEach(function () {
        div = d3.select('body').append('div');
        chart = BarChart(div);
    });

    afterEach(function () {
        div.remove();
    });

    describe('.data', function () {
        it('should allow setting and retrieve chart data',
        function () {
            expect(chart.data(data).data()).toBe(data);
        });
    });
});
```

13.3.3　工作原理

在第一个测试中用到了一些 Jasmine 的关键词。

- describe：该函数定义了一组测试用例。在组内可以嵌套子组，也可以定义测试用例。
- it：该函数定义了一个测试用例。
- beforeEach：该函数定义了一个预执行钩子函数，在每一个用例执行之前先运行这个函数。
- afterEach：该函数定义了一个后执行钩子函数，在每个用例执行之后再运行这个函数。
- expect：该函数在测试用例中定义一个期望结果，可以与诸如 toBe 和 toBeEmpty 之类的函数一起链式调用，起到断言的作用。

在本例中，我们使用 beforeEach 为每个测试用例创建了一个 div 容器，之后又使用 afterEach 来删除这个 div，这样可以增强不同测试用例之间的独立性。这个测试用例本身很琐碎，它仅检查条形图是否可以获得并且准确地返回数据。现在，如果我们运行 SpecRunner 文件，就会看到有个红色的信息报告不存在 BarChart 对象。所以我们先来创建相应的对象和函数吧！

```
function BarChart(p) {
    var that = {};
    var _parent = p, _data;
    that.data = function (d) {
        if (!arguments.length) return _data;
        _data = d;
        return that;
    };

    return that;
}
```

现在，再运行 SpecRunner.html 文件，会看到绿色信息。它告诉我们那个仅有的测试用例已经通过了。

13.4 测试驱动——SVG 渲染

现在我们已经有了创建条形图的基本框架，可以开始渲染了。所以在第二迭代里，我们尝试生成 svg:svg 元素。

13.4.1 准备工作

在文本编辑器中打开以下文件的本地副本：

- https://github.com/NickQiZhu/d3-cookbook-v2/blob/master/src/chapter13/src/bar_chart.js；
- https://github.com/NickQiZhu/d3-cookbook-v2/blob/master/src/chapter13/spec/bar_chart_spec.js。

13.4.2 开始编程

渲染 svg:svg 元素不仅是简单地往 HTML 文件的 body 中添加一个 svg:svg 元素，而且还要初始化图表的长度和宽度。测试用例如下：

```
describe('.render', function () {
        describe('svg', function () {
            it('should generate svg', function () {
                chart.render();
                expect(svg()).not.toBeEmpty();
            });

            it('should set default svg height and width',
              function () {
                chart.render();
                expect(svg().attr('width')).toBe('500');
                expect(svg().attr('height')).toBe('350');
            });

            it('should allow changing svg height and width',
              function () {
                chart.width(200).height(150).render();
                expect(svg().attr('width')).toBe('200');
                expect(svg().attr('height')).toBe('150');
            });
        });
    });

    function svg() {
        return div.select('svg');
    }
```

13.4.3　工作原理

现在所有的测试都会失败，因为我们没有实现任何 render 函数。不过，它已经清晰地告诉我们，render 函数应该生成什么样的 svg:svg 元素，应如何正确地设置宽度、高度。第二个测试确保在用户没有提供高度、宽度的情况下，会使用默认值对其初始化。下面我们实现 render 函数来满足这些需求。

```
...
var _parent = p, _width = 500, _height = 350
        _data;

    that.render = function () {
        var svg = _parent
```

```
            .append("svg")
            .attr("height", _height)
            .attr("width", _width);
    };

    that.width = function (w) {
        if (!arguments.length) return _width;
        _width = w;
        return that;
    };

    that.height = function (h) {
        if (!arguments.length) return _height;
        _height = h;
        return that;
};
...
```

现在，SpecRunner.html 文件又全绿了，即所有测试都通过了。不过，它现在仅能生成一些空的 svg 元素，还不能使用数据。

13.5 测试驱动——精确渲染

本迭代中，我们会使用数据来生成条形图，通过测试来确保条形图渲染的精确性。

13.5.1 准备工作

在文字编辑器中打开下列文件的本地副本：

- https://github.com/NickQiZhu/d3-cookbook-v2/blob/master/src/chapter13/src/bar_chart.js；
- https://github.com/NickQiZhu/d3-cookbook-v2/blob/master/src/chapter13/spec/bar_chart_spec.js。

13.5.2 开始编程

我们先看看如何测试。

```
describe('chart body', function () {
        it('should create body g', function () {
            chart.render();
```

```
            expect(chartBody()).not.toBeEmpty();
        });

        it('should translate to (left, top)', function () {
            chart.render();
              expect(chartBody().attr('transform')).
              toBe('translate(30,10)')
        });
});

describe('bars', function () {
        beforeEach(function () {
            chart.data(data).width(100).height(100)
                .x(d3.scaleLinear().domain([0, 3]))
                .y(d3.scaleLinear().domain([0, 6]))
                .render();
        });
        it('should create 3 svg:rect elements', function () {
            expect(bars().size()).toBe(3);
        });

        it('should calculate bar width automatically',
          function () {
            bars().each(function () {
              expect(d3.select(this).attr('width')).
              toBe('18');
            });
        });

        it('should map bar x using x-scale', function () {
            expect(bar(0).attr('x')).toBe('0');
            expect(bar(1).attr('x')).toBe('20');
            expect(bar(2).attr('x')).toBe('40');
        });

        it('should map bar y using y-scale', function () {
            expect(bar(0).attr('y')).toBe('60');
            expect(bar(1).attr('y')).toBe('30');
            expect(bar(2).attr('y')).toBe('0');
        });

        it('should calculate bar height based on y', function () {
            expect(bar(0).attr('height')).toBe('10');
```

```
                expect(bar(1).attr('height')).toBe('40');
                expect(bar(2).attr('height')).toBe('70');
            });
        });
    });

    function svg() {
        return div.select('svg');
    }

    function chartBody() {
        return svg().select('g.body');
    }

    function bars() {
        return chartBody().selectAll('rect.bar');
    }

    function bar(index) {
        return d3.select(bars().nodes()[index]);
    }
});
```

13.5.3 工作原理

在前面的测试中，我们给出了图表主体 svg:g 元素的变换方式以及每一个条形相关属性（包括 width、x、y、height）的期望值。可以看到相比测试，实现代码要短小很多，这在测试用例设计良好的情况下是很常见的。

```
...
var _parent = p, _width = 500, _height = 350,
        _margins = {top: 10, left: 30, right: 10, bottom: 30},
        _data,
        _x = d3.scaleLinear(),
        _y = d3.scaleLinear();

that.render = function () {
        var svg = _parent
            .append("svg")
            .attr("height", _height)
            .attr("width", _width);
```

```
        var body = svg.append("g")
            .attr("class", 'body')
            .attr("transform", "translate(" + _margins.left + ","
            + _margins.top + ")")

        if (_data) {
            _x.range([0, quadrantWidth()]);
            _y.range([quadrantHeight(), 0]);

            body.selectAll('rect.bar')
                .data(_data).enter()
                .append('rect')
                .attr("class", 'bar')
                .attr("width", function () {
                    return quadrantWidth() / _data.length -
                    BAR_PADDING;
                })
                .attr("x", function (d) {return _x(d.x); })
                .attr("y", function (d) {return _y(d.y); })
                .attr("height", function (d) {
                    return _height - _margins.bottom - _y(d.y);
                });
        }
    };
    ...
```

我认为读者现在已经明白了测试是怎么回事，也能依葫芦画瓢来重复这一过程，用测试驱动自己的实现了。D3 可视化是基于 HTML 和 SVG 建立的，而二者都是简单的标记语言，很容易验证。设计良好的测试可以确保你的代码的所有细节都能被测试覆盖到。

13.5.4　参考阅读

关于测试驱动开发可参见 wikipedia 关于 Test-driven_development 的条目。

附录
分分钟搞定交互式分析

该附录涵盖以下主题：

- 了解 Crossfilter.js 库
- 利用 dc.js 创建多维图表

简介

至此你已经掌握了 D3 数据可视化的全部内容，并一起探索了各种相关话题和技术。那么如今，你可能会同意，即便在一个像 D3 这样强大的库的帮助下，创建可交互、精确、优美的数据可视化仍然是一件繁琐的事情。通常，需要花费数日乃至数周的时间来完成一个专业的数据可视化工程。当然，这还没有考虑后端所要耗费的精力。

如果你只是快速创建一个交互性分析，或者将一个成熟的可视化工程投入商业运营之前进行技术性验证，那么花费几周或几天时间是无法让人接受的，最好几分钟就能搞定。在本附录中，我们将介绍两个相关的 JavaScript 库，从而让你能够在短短几分钟内快速创建基于浏览器交互的多维数据可视化分析。

Crossfilter.js 库

Crossfilter.js 是由 D3 作者 Mike Bostock 创建的另外一个库，最初用来提高 Square Register 的分析能力。

Crossfilter 是一个用于在浏览器端处理大量多元数据集的 JavaScript 库。Crossfilter 支持极速的交互（<30ms），支持坐标轴视图，甚至能够处理包含百万级记录的数据集。

——Crossfilter 维基百科（2013 年 8 月）

换句话说，Crossfilter 可以为大数据集和多元数据集生成多个数据维度。那么，什么是数据维度呢？一个数据维度可以认为是数据分组或数据分类的一种类型，每一个维度的数据元都代表了一个类别变量。这样解释仍然比较抽象，那么让我们来一起看一个例子，即如何通过 Crossfilter 将下面的 JSON 数据集变换为一个多维数据集。首先假设下面的数据描述了某一个酒吧的付款交易。

```
[
  {"date": "2011-11-14T01:17:54Z", "quantity": 2, "total": 190, "tip":
100, "type": "tab"},
  {"date": "2011-11-14T02:20:19Z", "quantity": 2, "total": 190, "tip":
100, "type": "tab"},
  {"date": "2011-11-14T02:28:54Z", "quantity": 1, "total": 300, "tip":
200, "type": "visa"},
..
]
```

样本数据集来自 crossfilter 文档。

我们从样本数据中看到了几个维度呢？答案是：你能从几个不同的角度将数据归类，就意味着它有几个维度。例如，由于数据是关于消费者支付的，并且按照时间进行排列，所以显然“date”（时间）是一个维度。其次，支付类型显然可以用来归类数据，因此，“type”（类型）也是一个维度。

接下来要提到的维度却有些特殊，因为从技术上来说，我们可以将数据集中的任何属性作为一个维度。然而，我们并不希望这样做，因为它并不能帮助我们更有效地切分数据，或者更深入地理解数据的内在含义。这里的“total”（总消费）和“tip”（小费）属性有着非常高的基数，这通常意味着它不是好的维度（尽管 tip/total（即所给小费的比例），也许可以作为一个有趣的维度）。假如消费者们并未在酒吧中买上千杯的饮品，那么“quantity”（数量）属性更可能拥有一个相对小的基数，因此，我们选择数量作为第 3 个维度。那么，我们的维度逻辑模型如图 A-1 所示。

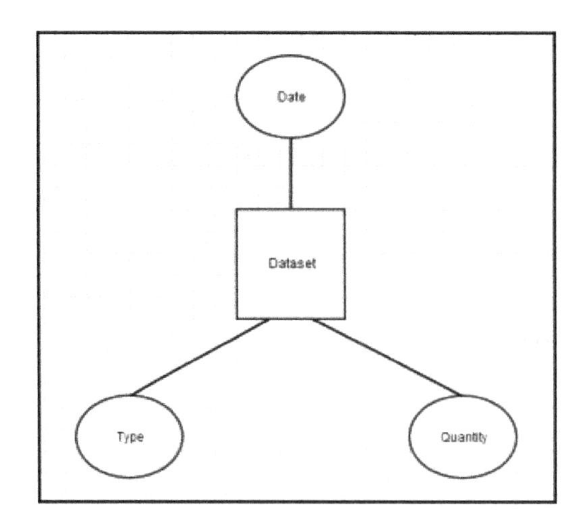

图 A-1　多维数据集

这些维度允许我们从另一个角度看待这些数据。如果综合起来看，我们可以发现很多非常有趣的问题。具体如下所示。

◆ 是否请客吃饭的消费者消费更高？

◆ 是否周五晚上销量更好？

◆ 是否用现金支付的消费者更容易给小费？

可以看到，多维数据集非常强大。从本质上来说，不同的维度可以让你透过不同的镜头看待数据。而当将维度结合起来时，它们随即从一些原始的数据转化成了真正的知识。一名好的分析师，能够借助这类工具快速拟定假设，以从数据中获取信息。

开始编程

现在，我们懂得了为何要为数据集建立多个维度。接下来将介绍如何使用 Crossfilter 来实现这一点。

```
var timeFormat = d3.time.format.iso;
var data = crossfilter(json); // <-A

var hours = data.dimension(function(d){
  return d3.time.hour(timeFormat.parse(d.date)); // <-B
});
var totalByHour = hours.group().reduceSum(function(d){
```

```
    return d.total;
  });

  var types = data.dimension(function(d){return d.type;});
  var transactionByType = types.group().reduceCount();
  var quantities = data.dimension(function(d){return d.quantity;});
  var salesByQuantity = quantities.group().reduceCount();
```

工作原理

如前面小节所示，使用 Crossfilter 可以非常直观地创建维度和分组。在创建维度之前，首先使用 Crossfilter 提供的 Crossfilter 函数（见第 A 行），通过 D3 加载 JSON 数据集。然后，就可以创建维度了，我们调用了 dimension 函数，并传入一个取值函数来获取定义维度的数据。对于 type 维度，我们可以简单地传入 function(d){return d.type;}，也可以在维度函数中将数据格式化或进行其他处理（如第 B 行中所示的日期格式化）。创建完这些维度后，就可以通过这些维度进行分类了，totalByHour 就是一组每小时的销售总额，salesByQuantity 为不同数量下的交易总量。为了更好地理解分组的工作原理，我们来看一下分组对象。如果对 transactionsByType 组调用 all 函数，可以得到如图 A-2 所示的对象。

```
[▼Object              , ▼Object              , ▼Object              ]
    key: "cash"           key: "tab"            key: "visa"
    value: 4              value: 16             value: 5
  ▶ __proto__: Object   ▶ __proto__: Object   ▶ __proto__: Object
```

图 A-2　Crossfilter 的组对象

显而易见，transationByType 组实质上是依据类型（type）进行的数据分组，并在每个组内计算数据元素的个数（因此我们在创建分组时调用了 reduceCount 函数）。

下面是本例中用到的一些函数。

- crossfilter：创建一个新的 crossfilter，可以传入给定的对象数组或者原生类型。
- dimension：根据给定的取值函数创建一个新的维度。该函数需返回一个自然序值，即能够用 JavaScript 的<、<=、>=和>进行处理的数据。通常为原生类型 booleans、number 或 string。
- dimension.group：根据给定维度创建一个新的分组，基于给定的 groupValue 函数实现，它接受一个维度作为输入，并返回相应的舍入值。

- group.all：返回所有的分组，并按照键值升序排列。
- group.reduceCount：计算记录的个数，返回一个 group 对象。
- group.reduceSum：根据给定的取值函数，对所有的记录执行求和运算。

更多内容

实际上，到目前为止我们所看到的只是 Crossfilter 函数的冰山一角而已。Crossfilter 对于创建维度和分组提供了许多其他函数，更多内容可参见 API 文档 https://github.com/square/ crossfilter/wiki/API-Reference。

请参见

- 关于数据维度可参见 wikipedia 关于 Dimension_(data_warehouse)的条目。
- 关于势可参见 wikipedia 关于 Cardinality 的条目。

现在，我们已经为分析工作做好了准备。接下来，就要为大家展示如何在几分钟而不是几小时或几天内完成相应的分析工作。

多维图表库——dc. js

实际上，dc.js 就是为 Crossfilter 的维度和分组的可视化而生的。这个便利的 JavaScript 库的设计初衷，就是让人们可以轻松、快速地对 Crossfilter 多维数据集进行可视化。这个代码库最初是由本书作者创建的，现在则由 Gordon Woodhull 领导的一群社区贡献者进行维护。

> 我们在本附录中使用的是 dc.js 的 2.0 测试版，尚未升级到 D3 v4.x，因此读者需要注意这些 D3 v3 API 的用法和引用，与本书前面介绍的新版本中的会有些区别。

准备工作

在浏览器中打开如下文件的本地副本：

https://github.com/NickQiZhu/d3-cookbook-v2/blob/master/src/appendix-a/dc.html。

开始编程

本例中将创建 3 个图表。

- 用来可视化时间序列下交易总量的线表。
- 可视化支付类型下交易总量的饼图。
- 根据购买数量显示销售额的条形图。

具体代码如下所示。

```
<div id="area-chart"></div>
<div id="donut-chart"></div>
<div id="bar-chart"></div>
...
dc.lineChart("#area-chart")
                .width(500)
                .height(250)
                .dimension(hours)
                .group(totalByHour)
                .x(d3.time.scale().domain([
                timeFormat.parse("2011-11-14T01:17:54Z"),
                 timeFormat.parse("2011-11-14T18:09:52Z")
]))
                .elasticY(true)
                .xUnits(d3.time.hours)
                .renderArea(true)
                .xAxis().ticks(5);

        dc.pieChart("#donut-chart")
                .width(250)
                .height(250)
                .radius(125)
                .innerRadius(50)
                .dimension(types)
                .group(transactionByType);
        dc.barChart("#bar-chart")
```

```
            .width(500)
            .height(250)
            .dimension(quantities)
            .group(salesByQuantity)
            .x(d3.scale.linear().domain([0, 7]))
            .y(d3.scale.linear().domain([0, 12]))
            .centerBar(true);

    dc.renderAll();
```

生成的一组坐标轴交互图表如图 A-3 所示。

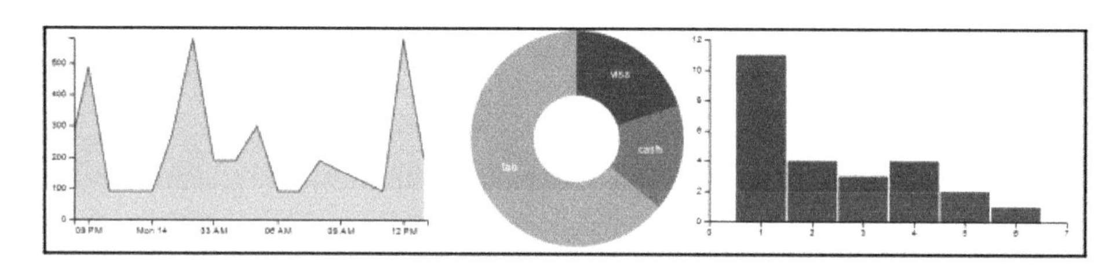

图 A-3　可交互式 dc.js 图表

当点击图表或在图表间用鼠标拖曳时，可以看到 Crossfilter 的维度会根据图表数据做出了相应的变化，如图 A-4 所示。

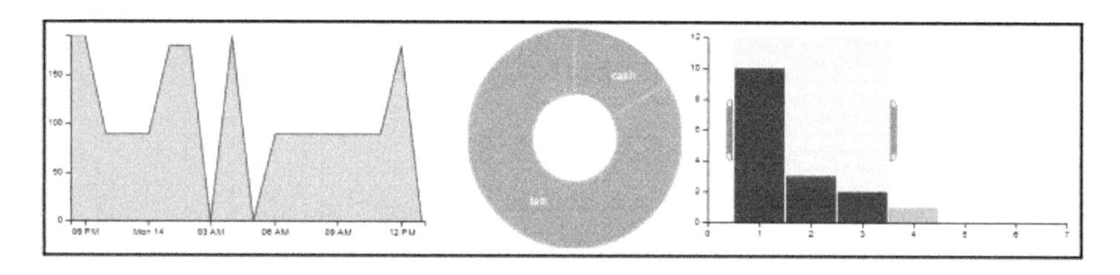

图 A-4　过滤后的 dc.js 图表

工作原理

就像在上例所看到的那样，dc.js 能够在 Crossfilter 的基础上生成标准图表视图。每一个 dc.js 图表都是可交互的，这样一来用户可以通过与图表的简单交互，按照维度对结果进行过滤。dc.js 完全基于 D3 实现，因此它的 API 与 D3 很相似，并且本书所介绍的所有内容与 dc.js 的应用是完全相通的。通常情况下，创建图表的步骤如下所示。

1．通过调用一个图表创建函数来生成图表对象，并传入一个 D3 选集作为锚元素，本例中即为承载整个图表的 div 元素。

```
<div id="area-chart"></div>
...
dc.lineChart("#area-chart")
```

2．给每个图表设置宽度、高度、维度和分组。

```
chart.width(500)
     .height(250)
     .dimension(hours)
     .group(totalByHour)
```

对于笛卡儿坐标系下的图表，我们还需要设置 x、y 尺度。

```
chart.x(d3.time.scale().domain([
  timeFormat.parse("2011-11-14T01:17:54Z"),
  timeFormat.parse("2011-11-14T18:09:52Z")
])).elasticY(true)
```

在第一种情况下，我们仅设置了 x 轴尺度，图表会自动计算相应的 y 轴尺度。第二种情况下，我们同时设置了 x 和 y 轴尺度。

```
chart.x(d3.scale.linear().domain([0, 7]))
       .y(d3.scale.linear().domain([0, 12]))
```

更多内容

不同的图表有不同的函数，我们可以自定义图表的外观。读者若对完整的 API 介绍感兴趣，可以参见 https://github.com/NickQiZhu/dc.js/wiki/API。

使用 Crossfilter.js 和 dc.js 可以让我们快速创建复杂的数据分析仪表盘。下面是一个演示，用于分析过去 20 年的 NASDAQ100 指数，如图 A-5 所示。详细代码请参见 http://nickqizhu.github. io/dc.js/。

截至本书完成之时，dc.js 可支持以下图表类型。

- 条形表（可堆叠）

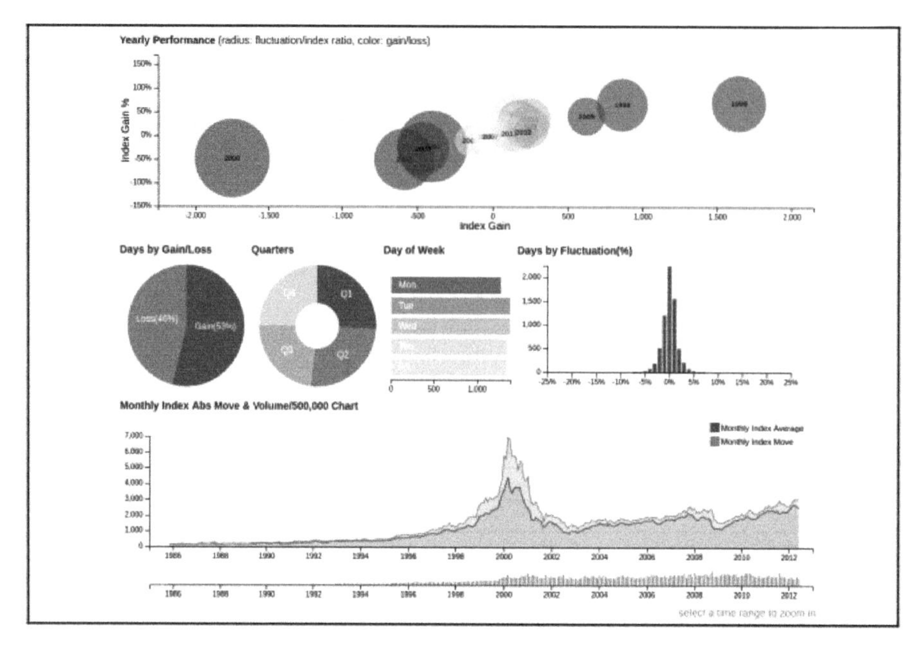

图 A-5　dc.js NASDAQ 演示

◆ 线表（可堆叠）

◆ 区域表（可堆叠）

◆ 饼图

◆ 气泡图

◆ 组合图表

◆ 分级统计图

◆ 箱形图

◆ 热图

◆ 走势图

◆ 泡沫覆盖图

参考阅读

NVD3 和 Rickshaw 是另外一些基于 D3 的图表库，尽管它们并不支持 Crossfitler，但对于一些可视化过程中常见的问题，它们提供了更丰富和灵活的解决方案。